華 健 著

輪 機 概 論
Introduction to Marine Engineering

五南圖書出版公司 印行

作者序

　　我多年前有個機緣，在長榮海運公司，和張榮發總裁單獨討論輪機教育的問題。剛握手見面，他用閩南語對我說：既然你是海洋大學教授，那你告訴我，為什麼輪機叫做「輪機」？我一時語塞，心想，自己大學唸輪機系，畢業後在驅逐艦上當輪機兵，退伍又在商船擔任輪機員，從美國留學回國又在輪機系當了 20 幾年老師，竟從沒想過這個問題。這時，我腦筋浮現出的是，國小時看的一本馬克吐溫小說的封面（如下圖）。我回答張總裁：「可能是最早用機器推進船，用的是像水車般的大輪子吧！」張總裁只靜靜地想著，沒告訴我對或錯。

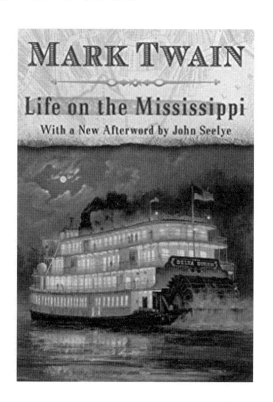

　　船，是人類探索海洋、利用海洋所賴。在台灣，幾乎沒有人不住在海邊，搭車不用一小時，就可來到海邊。發揚「海洋精神」、「向海致敬」等口號，從學生到政治領導者，都可以隨時隨地當順口溜來喊、來用。只是，在台灣，實際認識船和船運的人，恐怕極少。

　　商船絕大部分時間都在海上航行，就算難得靠泊，也因位處陸地邊緣，無緣讓大眾接觸，社會對船自然普遍無感。對絕大多數人來說，「輪機」這兩個字，更是陌生。

　　輪機或稱為輪機工程（Marine Engineering），是一門有關海上運行的船舶與平台（platform）等設施與機器的學門。我寫《輪機概論》這本書，在於想幫助讀者認識，甚麼是輪機。我從國際海運說起，分成十二個不同主題，陸續介紹輪機這個專業。在最後一章「前瞻海運與輪機」當中，會進一步介紹讓船運更「綠」的一些新技術與新策略。

目　錄

縮寫名稱

AC　Alternating Current 交流電

A/C　Air Conditioning 空調

ACB　Air Circuit Breaker 空氣斷路器

AMP　Alternative Marine Power 替代船用電力

AMS　Alarm and Monitoring System 警報與監測系統

AVR　Automatic Voltage Regulator 電壓調整器

BA　Breathing Apparatus 呼吸輔助器

BDC　Bottom Dead Center 下死點

BHP　Brake Horse Power 制動馬力

BWM　Ballast Water Management 壓艙水管理

CBM　Condition-based maintenance 視情況保養

CCAI　Calculated Carbon Aromatic Index 計算碳芳香度指數

CCS　Carbon capture and storage 碳捕集與儲存

CFC　Chlorofluorocarbons 氟氯碳化物

CH₄　Methane 甲烷

CI　Compression ignition 壓縮點火

CO　Carbon monoxide 一氧化碳

CO₂　Carbon dioxide 二氧化碳

COC　Certificated of Competency 適任證書

CSI　Clean Shipping Index 清淨海運指標

CR　Common rail 共軌

CRP　Counter rotating propellers 反轉螺槳

DI　Direct injection 直接噴射

DNV Det Norsk Veritas 挪威船級協會

DP Dew point 露點

DWT Dead Weight Tonnage 載重噸

EC European Commission 歐洲執委會

ECA Emission Control Area 排放管制區

EEDI Energy Efficiency Design Index 能源效率設計指標

EEOI Energy Efficiency Operational Indicator 能源效率運轉指標

EGCS Exhaust Gas Cleaning Systems 排氣清淨系統

EGR Exhaust gas recirculation 排氣再循環

EMF Electromagnetic force 電磁力

Elec-H_2 Hydrogen from electrolysis based on renewable electricity 源自再生能源電力的電解氫

Elec-NH_3 Ammonia from electrolysis based on renewable electricity 源自再生能源的電解氨

EMS Environmental Management System 環境管理系統

END Environmental Noise Directive 環境噪音令

EPA US Environmental Protection Agency 美國環保署

EPI Environmental Performance Indicator 環境績效指標

ES Earthing switch 接地開關

ESI Environmental Ship Index 環保船舶指標

EU European Union 歐盟

F/A Air Fuel Ratio 空氣燃料比

FC Fuel cell 燃料電池

FP Flash point 閃火點

GA Green Award 綠獎

GHG Greenhouse Gas 溫室氣體

GRT Gross Register Tonne 註冊總噸位

GT　Gross Tonne 總噸位

GWP100　Global warming potential over 100-year time horizon 百年期全球暖化潛勢

H₂　Hydrogen 氫

HCFC　Hydro Chloro Fluoro Carbons 氫氯氟碳化物

HDT　Heavy duty trucks 重型卡車

HE　Heat exchanger 熱交換器

HFO　Heavy Fuel Oil 重燃油

HP　High pressure 高壓

HSFO　High sulfur fuel oil 高硫燃油

HTS　High tensile steel 高張力鋼

HVAC　Heating ventilation and air conditioning 暖氣、通風及空調

IAPP　International air pollution prevention 國際空氣汙染防制

ICE　Internal Combustion Engine 內燃機

IEA　International Energy Agency 國際能源總署

IFO　Intermediated fuel oil 中級燃油

IHP　Indicated horse power 指示馬力

IGG　Inert gas generator 惰氣產生器

ILO　International Labour Organisation 國際勞工組織

IMO　International Maritime Organisation 國際海事組織

IPCC　Intergovernmental Panel on Climate Change 氣候變遷跨政府委員會

JI　Jet ignition 噴射點火

LBG　Liquified biogas 液化生物氣

LH　Liquefied hydrogen 液化氫

LHV　Lower heating value 低熱值

LNG　Liquified national gas 液化天然氣

LPG　Liquified petroleum gas 液化石油氣

LSA　Lifesaving appliance 救生設備

LSFO　Low sulfur fuel oil 低硫燃油

MARPOL　International Convention for the Prevention of Marine Pollution from Ships 防止船舶汙染國際公約

MCR　Maximum Continuous Rating 最大連續出力

MDO　Marine Diesel Oil 海運柴油

ME　Main engine 主機

MEPC　Marine Environment Protection Committee 海洋環境保護委員會

MGO　Marine gas oil 海運氣油

MS, MV　Motor ship, motor vessel 柴油機船 OO 輪、OO 號

MSB　Main switchboard 主配電盤

N₂O　Nitrous oxide 氧化二氮

NECA　Nitrogen Emission Control Areas 氮排放管制區

NG　Natural gas 天然氣

NH₃　Ammonia 氨

NOx　Nitrogen Oxides 氮氧化物

NTU　Nephelometric Turbidity Unit 標準濁度單位

ODS　Ozone-Depleting Substances 臭氧耗蝕物質

OECD　Organisation for Economic Co-operation and Development 經濟合作發展組織

OPS　On-shore Power Supply 岸電供應

OWS　Oil water separator 油水分離器

PCTC　Pure car and truck carrier 純汽車船

PEM FC　Proton-exchange membrane fuel cell 質子交換模燃料電池

PI　Positive ignition 強制點火

PM　Particulate matter 微粒

PMS　Periodical maintenance system 定期保養系統

PMS　Planned maintenance system 計畫保養系統

PMS　Power management system 電力管理系統

PSC　Port State Control 港口國管制

PSSA　Particularly Sensitive Sea Area 特別敏感海域

PTO　Power take-off 電力輸出裝置

PV　Photo voltaic 太陽光伏、光電板

RH　Relative humidity 相對溼度

RPM　Revolution per minute 每分鐘轉數

RT　Refrigeration ton 冷凍噸

SCR　Selective Catalytic Reduction 選擇性催化還原

SDM　Self-Diagnosis Methodology 自動診斷方法

SECA　Sulphur Emission Control Area 硫排放管制區

SEEP　Ship Energy Efficiency Management Plan 船舶能源效率管理計畫

SFOC　Specific fuel oil consumption 燃油消耗率

SHP　Shaft Horse Power 軸馬力

SI　Spark ignition 火花點火

SMS　Safety management system 安全管理系統

SMT　Shipboard management team 船上管理團隊

SO₂　Sulphur dioxides 二氧化硫

SOFC　Solid oxide fuel cells 固態氧化物燃料電池

SOLAS　Safety of Life at Sea 海上人命安全公約

SOx　Sulphur Oxides 硫氧化物

SS, SV　Steam ship, steam vessel 蒸汽機船 OO 輪，OO 號

TAF　Turbine air fuel ratio 渦輪機空燃比

TAN　Total Acid Number 總酸值

TBN　Total Base Number 總鹼值

TDC　Top dead center 上死點

TDI　Turbo direct injection 渦輪直接噴射

TEU　Twenty-Foot Equivalent Unit 二十呎當量單位

ULCC　ultra large crude carrier 超大型油輪

ULSFO　Ultra-low sulfur fuel oil 超低硫燃油

UMS　Unmanned maritime system 無人當值系統

VCB　Vacuum circuit breaker 眞空斷路器

VECS　Vapor Emission Control System 蒸氣排放管制系統

VLCC　very large crude carrier 大型油輪

VLSFO　very low sulfur fuel oil 極低硫燃油

VOC　Volatile Organic Compounds 揮發性有機化合物

VSR　Vessel Speed Reduction 船舶減速

WHO　World Health Organisation 世界衛生組織

WHR　waste heat recovery 廢熱回收系統

第一章

簡介海運

一、國際海運

1. 當今概況

國際海運（International marine shipping）可謂全球經濟活動與成長的命脈。當今世界上有占約八成重量和七成價值的貿易貨物，都藉由船舶運送。其中，每年有超過 15 兆美元的零售產業，仰賴便宜又有效率的貨櫃（container）進行運送。

海運一般以載重噸（deadweight tons, DWT）計量，所指為一艘空船所能裝載（不超過其設計營運限度）的貨物量。此限度指的則是其載重線（loadline），亦即不計入船本身重量，但包含船上的燃料與壓艙水（ballast water）等在內的最大吃水（draft）。圖 1-1 所示，為過去逾半世紀內，各類型貨物透過船舶，達成的運送功能量（噸 - 海浬，ton-mile）成長情形。可明顯看出，國際海運需求將愈來愈大。

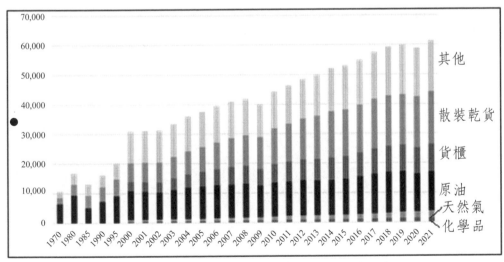

圖 1-1　1970 至 2021 年船舶達成的運送功能量

2. 海運的沿革

海運可追朔到大約公元前 3200 年，埃及的海岸和內河，乃至公元前

1200 年，埃及帆船最遠航行到蘇門答臘，堪稱當時最遠的海運航程。西元第十世紀，宋朝的商隊，便經常航行在南中國海和印度洋之間，建立起區域貿易網絡。在此同時，中東與亞洲之間的海運航線，也跟著建立起來，主要由阿拉伯商人掌控。

到了 15 世紀，明朝鄭和統領了由 300 多艘船、28,000 船員組成的巨大船隊，最遠到達東非海岸，完成七次下西洋探險任務。只可惜，接著一直延續到清朝的海禁政策，終止了航海活動。

然而世界上許多國家，反倒在接下來的十六世紀，藉著擴充海權，以拓展其經濟。例如在歐洲，以西班牙、葡萄牙、荷蘭、英、法為主的殖民勢力，首先建立了全球貿易網絡。如圖 1-2 所示，當時的海運活動，主要著眼於地中海、北印度洋、亞洲太平洋及北大西洋。

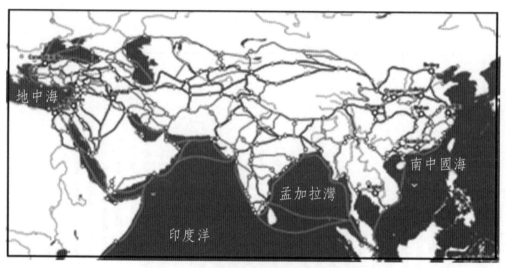

圖 1-2　十六世紀絲路與阿拉伯海航線

繼十九世紀蒸汽機發明後，船運不再仰賴風帆，國際貿易網也隨之加速擴充。接著，隨著埃及蘇伊士運河開通，跨大洋的海運更趨密集。到了二十世紀，海運以指數成長，成為國際貿易的主流。到了 2018 年，海運占全球貿易數量的八成和其價值的七成，成為最全球化的產業。圖 1-3 所示，為

21 世紀的全球海運網絡。

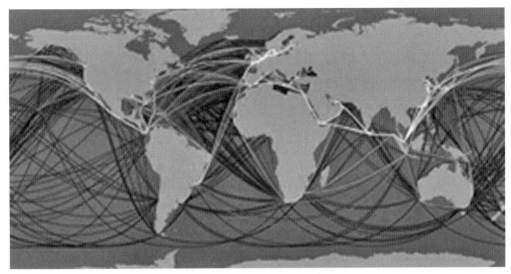

圖 1-3　21 世紀全球海運網

　　船舶科技加上濬渫（dredging）等港灣技術的轉型，皆對國際海運構成深遠的影響。船舶科技著眼於大型化、自動化、專用化（例如貨櫃船、油輪、散裝輪），港灣則著眼於能快速處理大量貨物的港埠設施。

　　這些科技發展大幅提升了海運對能源（化石燃料為主）的需求。而在此過程中，亦同時帶來可導致溢油（oil spill）等嚴重生態與環境災難（例如 Amoco Cadiz, Exxon Valdez 等油輪），以及例如 2021 年長賜輪（Ever Given）在蘇伊士運河擱淺（grounding）使船運停擺等後果。

二、各類型船舶

　　全球有註冊，且超過 1,000 噸的商船約有 55,000 艘，可大致分成客輪（passenger vessels）、散裝輪（bulk carriers 或 bulkers）、油輪（tankers）、雜貨船（general cargo ships）、貨櫃船（container ships）及駛上駛下船（Roll-on Roll-off, RORO），共六種類型。

1. 客輪

客船包括渡輪（ferries）、郵輪（cruises）和定期航線客船（liners）。前者大多航行在河道、海峽等小範圍的水域，用作通勤。後者則用於為期超過好幾天的休閒度假，通常擁有相當大容量，並提供各種休閒用途。

這類船因為載的是人，人員安全考量的重要性不言可喻。其必須符合迅速安全疏散的要求。例如能更快讓人員登上救生艇並迅速吊放下水，並且必要時能藉由傳遞平台或滑道進入浮在水面的救生艇筏。且這套系統即便是在惡劣天候下，仍能發揮效果。

相較於貨船，客船會更舒適、更適合人住在上面，包括更充裕的食物和淡水。客船上至少會有三、四層甲板，配備各類住艙和休閒娛樂設施。

一般客船上大約有 200 名船員，和 2,000 至 3,000 名乘客。郵輪公司之間的競爭重點之一為提供的服務。因此乘客與船員人數之比，可以從 4 比 1 到 3 比 1，乃至奢華郵輪的 1 比 1。豪華郵輪可建造成有 10 至 15，甚至更多層甲板。

截至 2023 年 8 月，世上最大的郵輪為皇家加勒比海郵輪公司的海洋奇蹟號（Wonder of the Seas）。其總噸數為 230,000 噸，共有 18 層甲板，船長 362 米，船寬 64 米。船上共有 2,867 間客房，最多可容納近 7,000 乘客。

2. 散裝輪

散裝船用來裝載某特定貨物，可分為液體散貨（liquid bulk）和乾散貨（dry bulk）船。

油輪是最主要的液體散貨船。一般油輪的大小介於 250,000 與 350,000 dwt 之間，最大的油輪為超大油輪（ultra large crude carriers, ULCC）可大到 500,000 dwt，如圖 1-4 所示。

圖 1-4　ULCC 油輪

　　圖 1-5 所示，為用來運送液化天然氣（liquefied natural gas, LNG）的
LNG 船（LNG carrier）屬特殊船舶（specialized ships）。圖 1-6 所示，則
為航行於極地附近，具破冰（ice breaking）功能的 LNG 船

　　一般乾（固體）散裝（dry bulk carriers）船介於 100,000 至 150,000
dwt，最大超大散貨船（ultra large bulk carrier, ULBC）約為 400,000
dwt，如圖 1-7 所示。

圖 1-5　LNG 船

圖 1-6　具破冰功能的 LNG 船

圖 1-7　超大型散貨船 Berge Stahl

3. 雜貨船

雜貨船用來載運非散裝（non-bulk）的貨物。由於其裝卸貨時間很長，一般雜貨船都小於 10,000 dwt。1960 年代之後，這類船很快被能快速且高效率裝卸的貨櫃船取代。

4. 貨櫃船

圖 1-8 所示，爲貨物裝進貨櫃實景。小型貨櫃船（feeder ship, feeder）可攜帶 100 至 1,000 個貨櫃，進行短程運送。大型貨櫃船則一般攜帶 2,000 至 20,000 多個貨櫃。

圖 1-8　裝入紙箱貨物裝進貨櫃實景

今天貨櫃船是港邊最常見的貨船，通常船上沒有自己的揚貨機，而是靠碼頭上的吊車裝卸貨。由於貨物已事先裝妥在箱內，使得裝卸貨進行得很快，加上每次只裝卸船上一部分的貨櫃，貨櫃船的靠港時間往往都相當短。而也基於時間考量，貨櫃船航行較其他類型貨船更快。圖 1-9 所示，爲貨櫃船巨擘長榮海運公司的長賜輪（Ever Given）。

圖 1-9 貨櫃船長賜號

5. 駛上駛下船

　　駛上駛下或稱為滾裝船的設計，在於讓汽車、卡車及火車得以直接裝上船。這類船最初以較小的渡輪出現，接著尺寸增大許多，可橫跨大洋。最大的 RORO 屬運送汽車的汽車船（car carriers），一般都以船上可停車數，來表示其容量，如圖 1-10 所示。圖 1-11 所示，則為挪威 Höegh Autoliners 訂造，預計在 2023 年底交船的可零碳排（zero carbon ready）汽車船。其將是世界最大汽車船，可裝載 9,100 輛汽車。

圖 1-10　汽車船和船上裝載的汽車

圖 1-11　Höegh Autoliners 訂造中的汽車船

三、船舶艙間、大小、船速及燃料消耗

1. 艙間

　　圖 1-12 所示，為一般貨輪的艙間配置。從圖上可看出，整個船體大部分容量為用來賺取運費的貨艙，其他還包括用來維持船正常運轉的機艙、燃料艙、淡水艙及壓載艙等艙間。

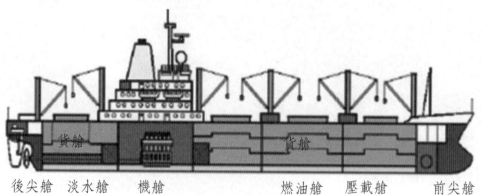

後尖艙　淡水艙　　機艙　　　　　　燃油艙　壓載艙　　前尖艙

圖 1-12　貨輪艙間配置

2. 大小

　　船舶的大小（size）所代表的，包括是其船型和運送容量（capacity）。以貨櫃船為例，圖1-13所示，為其在尺寸上的變革。圖中所示，除了船的長、寬、吃水米數，還包括船上可裝載的20英尺貨櫃數（twenty-feet equivalent unit, TEU）。

　　一艘商船的載貨容量主要取決於該船的大小。例如巴拿馬極限船，為設計用來穿越巴拿馬運河（Panama Canal）的船。因此，這類船的尺寸，便取決於該運河最窄的部位。而凡是通不過該尺寸限制的船，便稱為超級巴拿馬型（over-Panamax, post-Panamax 或 super-Panamax）。

　　隨著巴拿馬運河的拓寬，新巴拿馬型船也就因運而生。該型貨櫃船的裝載容量大約為 13,000 TEU，船長約達 427 米。

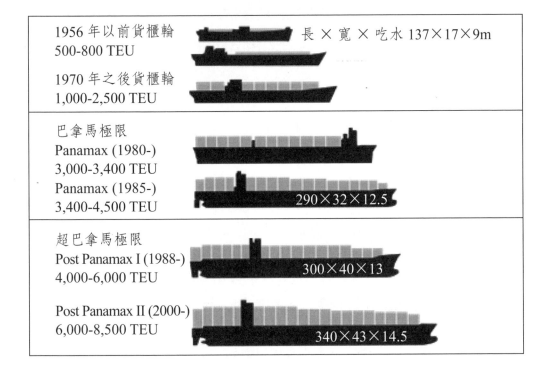

1956 年以前貨櫃輪 500-800 TEU	長 × 寬 × 吃水 137×17×9m
1970 年之後貨櫃輪 1,000-2,500 TEU	
巴拿馬極限 Panamax (1980-) 3,000-3,400 TEU	
Panamax (1985-) 3,400-4,500 TEU	290×32×12.5
超巴拿馬極限 Post Panamax I (1988-) 4,000-6,000 TEU	300×40×13
Post Panamax II (2000-) 6,000-8,500 TEU	340×43×14.5

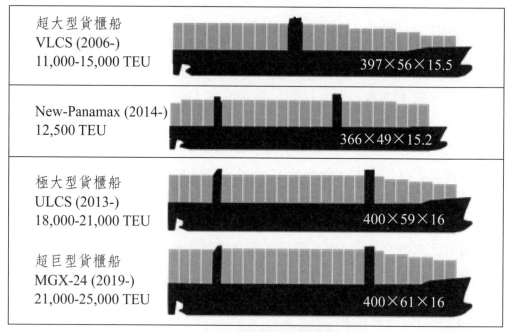

超大型貨櫃船
VLCS (2006-)
11,000-15,000 TEU
397×56×15.5

New-Panamax (2014-)
12,500 TEU
366×49×15.2

極大型貨櫃船
ULCS (2013-)
18,000-21,000 TEU
400×59×16

超巨型貨櫃船
MGX-24 (2019-)
21,000-25,000 TEU
400×61×16

圖 1-13　貨櫃船尺寸與容量的變革

3. 船速

　　整體而言，商船平均航速約 15 節（knots），相當於時速 28 km。1 knot = 1 海浬（marine mile）= 1,853 米。在此情況下，一艘船每日可航行約 575 km。

　　貨船的航速通常都比各型客船的小。汽車船和貨櫃船屬較快的貨船，航速略超過 20 節。其他各型貨輪的航速則大約在 12 至 14 節之間。

　　郵輪的最高航速可達一般貨船的兩倍，通常則以大約 24 節航行，少數渡船維持 36 節正常航行。推進一艘巨大的輪船，所需出力和消耗燃料之龐大可想而知。而當船舶航行得愈快，所需消耗的燃料也愈多。換言之，以較慢船速航行，便可換得較高的燃耗效率（fuel efficiency）。

　　對船公司而言，提升輪船航速所需面對的一大挑戰，便是經濟性，即額外增加的運轉成本。例如貨櫃船，圖 1-14 所示曲線，為不同尺寸貨櫃船，

在不同航速（節）下的每日燃料消耗公噸數。不難理解，基於商業考量，船公司往往採取所謂的放慢俥（slow steaming），亦即刻意減速至 19～20 knots，以降低能源消耗。時至今日，除了省油，因應氣候議題加溫，降低溫室氣體排放（減排），成了放慢車的另一重要理由。

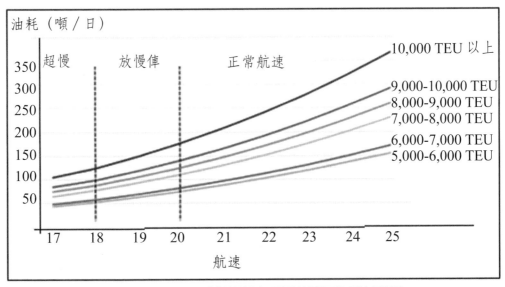

圖 1-14　不同尺寸貨櫃船在不同航速下的燃料消耗

4. 燃料消耗

　　如前所述，一艘船的燃料消耗量主要取決於其大小和航速。以一艘 8,000 TEU 貨櫃船，保持在 21 節航速為例，其每日油耗約 150 噸。假如同一艘船，將航速提升至 24 節，則每日油耗將增加到 225 噸。

　　船用燃油的價格變動很大，較高時每噸約 $1,000 美元。以這艘 8,000 TEU 貨櫃船航速 21 節來計算，其每日花在燃料上的成本約為 $150,000 美元。

四、船舶大小分類與規格

1. 尺寸與規格

商船大致上也可依船的尺寸（dimension）和運行區域分類。而此分類，會在船舶設計階段根據其營運航線和目的，做成決定。這主要在於，船舶的尺寸與規格，對於其日後的運行的區域範圍，影響很大。

圖 1-15 所示，為用來描述一艘船的各種尺寸參數，包括船總長（length overall, Loa）、船寬（beam, B）及吃水（draft）。其他重要參數還包括：總噸數（gross tonnage, GT）、載重噸數（deadweight tonnage, DWT）等等，都是在一艘商船設計與建造時，須納入考慮的。

例如，在設計一艘預計將穿越蘇伊士運河（Suez Canal），在歐亞大陸之間運行的船時，便須考慮以甚麼尺寸，才能讓這艘船，在完全空載與滿載的情況下，平順地穿過該運河最窄、最淺的區域。

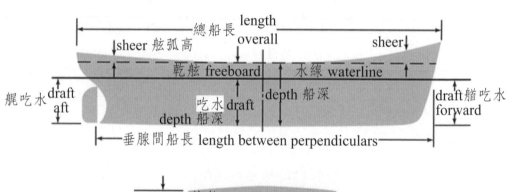

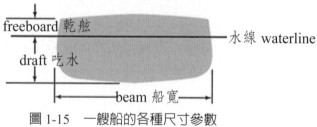

圖 1-15　一艘船的各種尺寸參數

2. 吃水與乾舷

吃水（draft）指的是水線（waterline）到船底基線之垂直距離。乾舷（freeboard），則為水線至船舶甲板邊緣之垂直距離。吃水值會畫在船艏（bow）、船舯（midship）與船艉（stern）兩側的水呎（draft mark）上，藉以顯示當時的吃水情況，如圖 1-16 所示。這在船進出港時尤其重要。

圖 1-16　在船艏作記以顯示當時的吃水

3. 船舶噸位

船舶噸位（tonnage）分成重量噸（weight ton）和容積噸（volume ton），分述如下：

(1) 重量噸

重量噸為計算船舶重量或裝載貨物重量所採用的單位。其中，排水量噸位（displacement tonnage）所指為船浮在水面，所排開水之重量，包括：

- 總排水量（gross displacement tonnage, GDT）：除船本身與船上配備外，並涵蓋船上的燃料、淡水及滿載貨物等全部重量。
- 淨排水量噸位（net displacement tonnage, NDT）：僅含船與船上配備，其他的載貨、燃料、水等除外。
- 載重噸位（deadweight tonnage, DWT）：指船滿載貨物時，所載運貨物的重量。

(2) 容積噸

容積噸為用以計算貨物等的容積，所採用的單位，100 ft^3（或 2.83 m^3）= 1 噸，包括：

- 總噸位（gross tonnage, GT）：甲板上下之所有屏蔽空間的總容積，用來表示船舶的大小。
- 淨噸位（net tonnage, NT）：指能實際用來裝載客、貨的容積。

(3) 載重線標誌

圖 1-17 所示載重線標誌（load line mark），為船在某情形下的最高吃水線。其依航行區域與季節，作為限制船舶裝載之限制。載重線上的標示包括：

- F：夏季淡水載重線（fresh water load line）
- S：夏季載重線（summer load line）
- T：熱帶載重線（tropical load line）
- W：冬季載重線（winter load line）
- TF：熱帶淡水載重線（tropical fresh water load line）
- WNA：冬季北大西洋載重線（winter north Atlantic load line）

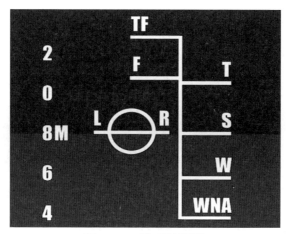

圖 1-17　載重線標誌

(4) 住艙

　　貨船的設計原則，在於為營利用的貨物留下最大空間。船員住艙尺寸儘管偏小，但可謂五臟俱全，包含了所有像是衛浴設備等基本生活所需。相較於小船，大型貨船所能為船員留下的空間也較大些。

　　郵輪上所配備的，則除了乘客的生活所需，還包括舒適甚至豪奢的住艙，以及商店、酒吧、電影院、舞廳、泳池及高爾夫球場等休閒娛樂設施。這些設施所需消耗的大量水、電、空調，以及所產生的各種廢棄物，應不難想見。

(5) 船的價格

　　一艘客船的價格，取決於其尺寸和船上具備的功能。一艘郵輪的平均價格約為十億美金。小型渡輪（船長在 100 呎以下）的價格約介於三百萬至八百萬。

　　貨船的價格，亦大致因大小與功能而異。一般中型油輪大約要價四千萬，中型貨櫃船約在八千萬至一億美元之間。大型貨櫃船則要價超過 1.5 億。

五、國際港口趨勢

目前全世界排名前 20 的港口當中，只有五個不在東亞。這些港口，除了年年趨於擴大且更有效率，追求成為綠港（green port），為其另一共同點。

海運界追求綠港的宗旨，為在經濟需求與環境挑戰之間取得平衡。大致而言，綠港在於以新的綠技術及低碳與零碳替代品，取代化石燃料及大電力港埠設備。

1. 永續的未來港口

永續的未來港口是一個概念，不僅考慮經濟層面，且亦須顧及環境和社會層面。港口的永續概念，是將港口活動、營運與管理的環保方法整合在一起。亦即，其採取盡可能減輕衝擊，且有助於改進空氣、水、噪音及廢棄物等的措施與管制。

在未來的永續港口範圍內，港務當局將著眼於協調長遠願景與相關利益相關者、港口空間規劃、港口基礎設施發展規劃、港口腹地策略與競爭港口共同規劃，以及制定港口願景適應性總體規劃。

在歐洲，歐洲航運和港口組織（European Shipping and Ports Organization, ESPO）根據從近百個港口收集到的資訊，發布歐洲港口十大優先環境問題如下：

- 空氣品質
- 能源消耗
- 噪音
- 水質
- 疏濬作業
- 垃圾／港口廢棄物
- 港口開發（土地相關）
- 與當地社區關係
- 船舶廢棄物

・氣候變遷

2. 歐洲碼頭的未來

歐洲共同體（European Community, EC）在其 Docks The Future 計畫當中，將未來港口（Port of the Future）定義爲在最近的未來（2030 年）所要面對的，與過程簡化與數位化（simplification and digitalization）、疏濬（dredging）、減排（emission reduction）、能源轉型（energy transition）、電動化（electrification）、智慧電網（smart grids）、港市界面（port-city interface）及使用再生能源管理（renewable energy management）等相關挑戰。

3. 低排放與零排放港口

船舶在能源使用、貨物處理設備、發電與儲電及運輸商業化等方面的作爲，皆可對港口的低排放與零排放構成影響。以下舉若干實例討論。

港口電力運轉的增長，應屬減少港口排放的關鍵驅動力。爾來全球許多港口正考慮對岸電進行投資，好讓在靠泊船舶插電（plug-in）到整體港口機組上，皆得以減少從船上發電機獲取電力的需求，降低燃料消耗。

4. 綠港技術實例

(1) 港埠優化

只有船舶能及時抵達與離港，航速的優化才能完全收效。如此可促進更穩定的航速配置，讓船以最佳航速運行，以及盡量減少因長時間下錨和發電機等設備運轉，所產生的不必要排放。

航速優化須和港口優化搭配。在 IMO MEPC 決議文 MEPC.323（74）當中，成員國鼓勵港口與航運部門之間採自發性合作，以減少船舶 GHGs 等大氣排放。

(2) 貨物效率優化

英國電信（BT）和英國聯合港口（Associated British Ports, ABP）正試用新一代物聯網（IoT）和感測器技術，以加快貨物的運輸與處理，並實現伊普斯威奇港（Port of Ipswich）物流與營運流程數位化。

　　該方案從港口各種設備中獲取數據，提供時間、移動距離、路線及卸貨量等紀錄。然後，這些資訊會自動發送到港口管理處，使其得以追蹤作業進度。如此，港口營運團隊能快速進行管理決策，同時促進與客戶進行更佳合作。

(3) 電動拖船

　　世界第一艘全電動拖船於越南松卡姆造船廠啓用。如圖 1-18 所示，達門（Damen）RSD-E 拖船 2513，綽號 *Sparky*，具有 70 噸拉力。

圖 1-18　達門拖船

(4) 太陽能碼頭

　　如圖 1-19 所示的英國郵輪碼頭，配備了 2,000 多個屋頂安裝太陽能電池（photo-voltaic, PV）板，以提供超過日常所需的電力。

圖 1-19　配備岸電的英國郵輪碼頭

5. 液化天然氣支援

　　新加坡海事和港務局（Maritime and Port Authority of Singapore, MPA）於 2021 年推出新港口船務會費特許權，以支援用於 LNG 燃料添加與散裝（break bulk），以及在新加坡部署浮動儲存單元（floating storage units, FSUs）／浮動儲存再氣化裝置（floating storage and regasification units, FSRUs）。

　　MPA 於 2021 年五月，首次爲 *CMA CGM* 的 *Scandola* 號進行 LNG 添加作業（圖 1-20 所示）。MPA 表示：新造與現成的船舶，包括 FSUS/FSRUs 在內，皆符合優惠條件。這些船舶將享有 50% 的港口船務會費優惠，每艘船舶每年最高可達 60 萬美元，期限爲連續 5 年。

圖 1-20　全球首次，新加坡港於為 *CMA CGM* 的 *Scandola* 號添加 LNG

6. 高速永續運輸

如圖 1-21 所示，德國漢堡哈芬和科利西克股份公司（Hamburger Hafen Und Logistik AG, HHLA）先進的 HyperPort 貨櫃運輸計畫，在於同時減少港口擁塞及對環境構成的衝擊。

HyperPort 系統將可以時速超過數百公里運送貨櫃。該系統由總部位於美國的 Hyperloop 運輸技術（Hyperloop TT）和漢堡哈芬和 Logistik AG 開發、設計，用在低排放的封閉運行環境內，每天可靠、高效、安全的運送 2,800 個貨櫃，同時減輕道路運輸。

對於有些港口而言，過程當中的變革可能非常昂貴且相當困難。此必須在更廣泛的業務計劃與策略當中充分考慮，並將進行中的運作整合進去，從而建立務實的指導與行動，以支撐過渡。例如，在「智慧和綠港健康檢查」（Health Check for Smart & Green Ports）方面，便須從一開始即將能源效率和陸地與海上的運轉，整合為一體。

圖 1-21　HHLA 先進的 HyperPort 計畫

六、世界造船

　　就總噸位來說，2022 年中國、南韓及日本領先全球造船。中國船舶集團（China State Shipbuilding Corporation, CSSC）為中國最大造船廠。全世界排名前十名造船公司依序為：

1. 上海外高橋，中國
2. 今治造船，日本
3. 現代尾浦，南韓
4. 大島造船，日本
5. 長石造船，日本

6. 三菱重工，日本

7. 現代三湖，南韓

8. 三星重工，南韓

9. 大宇，南韓

10. 現代重工，南韓

　　造船堪稱世界上最老，也最競爭的市場。在上個世紀中葉之前歐洲造船壟斷全球。接著，隨著將經濟與造船做策略性整合，日本居於世界造船領先地位。到了 1970 年代，南韓到日本和台灣學習，並宣布造船為其策略性產業，而取代日本奪得領先地位。

　　時至今日，造船新成員，如越南、印度、土耳其、菲律賓、巴西及俄羅斯持續成長。歐洲則漸失造船角色。為能成功競爭，各國造船業者無不認真研擬，能爭取新訂單的造船新型態。

　　決定某造船競爭力的其他主要因子，為生產力、生產範疇、產品的吸引力、補貼率、交換率及成本位置。其中生產力，受到技術、設施、管理競爭力、工作組織、工作實務、工人的工作技術與動機所影響。

　　當年日本失去造船獨占地位，有幾個理由。首先日本當時同時面臨新進年輕工程師短缺，和人工成本偏高的困難。其次日本造船業不夠有彈性，難以適應當時全球，船隻愈來愈大的需求的改變。第三日本船舶生產，八成在滿足國內市場，無法促進技術發展及落實新生產管理方法。

　　此外，其材料的需求與供應之間的落差，導致延長交貨時間與價格上漲，加上匯率影響競爭力等因素，造成在 1990 年代中期，領導地位被南韓取代。

　　當時南韓以低造船成本，著眼於大型油輪、大型與超大型貨櫃輪、LNG/LPG 船、海域鑽探平台、甚至一直屬於歐洲少數船廠專利的郵輪。

　　如今儘管南韓仍擁有許多優勢，一些專家暗示，南韓正因其高人力成本、國內鋼量不足及進口原料與零件價格攀升，而漸失競爭力。表 1-1 列述這些國家，造船消長的商業循環和原因。

表 1-1　主要國家造船消長的商業循環和原因

領先年代	國家	商業循環階段	原因
1860 年代至 1950 年代	英國	喪失領先地位	未能將造船業現代化
1950 年代至 1990 年代中期	日本	後成熟，競爭力漸失	➤ 人力資源高齡化與高薪化 ➤ 船廠研發經費短缺 ➤ 鋼材漲價，供不應求
1990 中期之後	南韓	後成長，維持競爭力	➤ 人力資源高薪化 ➤ 鋼材漲價，供不應求 ➤ 韓圜升值使競爭力降低
2010 年之後，比計畫提前	中國大陸	加速成長	➤ 人力成本低 ➤ 國家發展雄心 ➤ 船廠容量成長 ➤ 政府補貼

中國大陸於 2009 年取得全球新造船訂單總數的 44.4%，超過南韓的 40.1%。其船廠將在 2030 年之前，每年建造 15 艘郵輪。

大陸造船具國際競爭力，是近十幾年的事。政府大力支持與龐大投資，與 MAN B&W, Wärtsilä 等船舶引擎製造商合作，快速提升地位。其自 2010 起獨占世界造船市場。其造船業的策略包括，改變產品結構，朝向更複雜、技術升級、合併船廠，以建立特殊巨擘地位。

合格技術人員及研究人員，為擴充與具經爭力產業所不可或缺。中國的單位產品的勞力成本，僅日本的大約 50%、南韓的 30%。結合上述因素，加上信用增進與銀行提供擔保，皆足以影響在全球造船當中的競爭。

習題

1. 試解釋一艘能夠跑得快的船，為什麼選擇以慢速航行。
2. 試繪圖說明，一艘船的各種尺寸參數。
3. 試解釋船舶的容積噸。

第二章

船舶系統與推進

一、船舶系統

　　整體來說，一艘船可謂一整套由許多小系統（sub-systems）整合起來的完整系統（overall system）。而船上的輪機動力場（marine power plant），正是由各種小系統和諧搭配而成的。

　　這時可聯想到的，是我們人類和其他生物體，也正是由各個不同的小系統，組成的一個完整系統。其中只要任何小系統出了問題，整個生物體也就不能可靠且有效率的正常運作。

　　在一艘船上，亦是如此。我們先簡化成，裝上某套推進系統的一艘船。這套推進系統，若非在船上和整套系統搭配，可說是沒有任何效用。也就是說，這套系統，沒有了船體和其他像是燃料、潤滑油、冷卻水及控制系統，便發揮不了任何功效。而要達此所謂的系統中的系統，便必須透過系統整合（systems integration）。

1. 系統整合

　　船上的系統整合可定義為：系統整合在於將各部件小系統集合成一套系統，以確保這些小系統，能在一完整系統當中，正常運作。船舶系統及其當中的次系統和次次系統（sub-sub-systems），可初步分類如下：

- 推進系統（propulsion systems）
- 輔助系統（auxiliary systems）
- 控制與管理系統（control & management systems）

　　一艘船可依階層分成以下系統：

- 推進與支援（機器）系統（propulsion and support system）
- 安全系統（safety system）
- 船舶操縱系統（steering and manoeuvring system）
- 靠泊系統（hoteling system）
- 貨物系統（cargo system）
- 環保系統（environmental control system）
- 設施管理（facilities management system）

其中的推進系統，如圖 2-1 所示，包括電力、冷卻、燃料、潤滑、蒸汽、壓縮空氣、通風等系統。

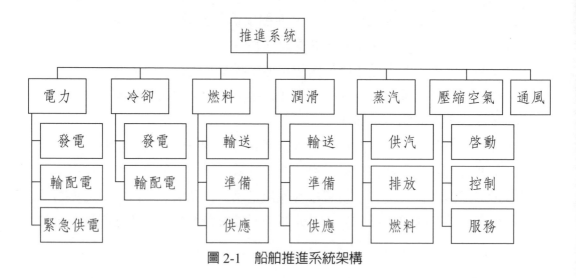

圖 2-1　船舶推進系統架構

船上的安全系統則如圖 2-2 所示，包括火災、氾水、強度與穩度、疏散、航行及通信等系統。

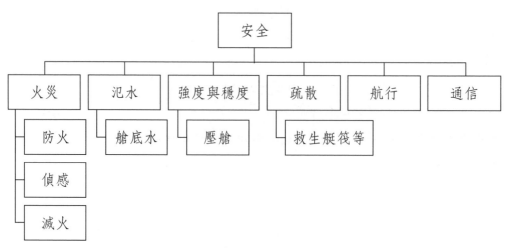

圖 2-2　船上安全系統架構

其餘靠泊、貨物、設施管理及環保系統分別如圖 2-3 至 2-6 所示。

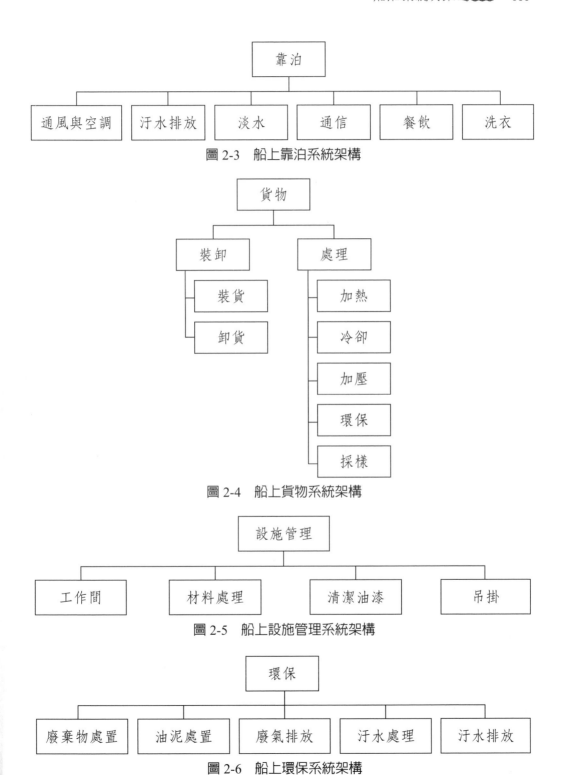

圖2-3　船上靠泊系統架構

圖2-4　船上貨物系統架構

圖2-5　船上設施管理系統架構

圖2-6　船上環保系統架構

　　針對船舶系統的分類，用的最廣的應屬挪威船舶研究院（Skipsteknisk Forskningsinstitutt, Ship Research Institute of Norway）的 SFI 分類法。其首先在船舶下面一個階層，分成如圖 所示八個類別。接著，各類別下面又可分別分成如圖 2-7 至 2-12 所示類別。

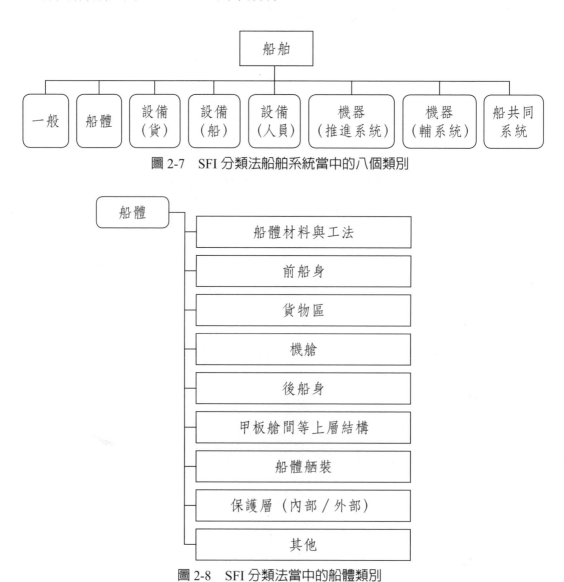

圖 2-7　SFI 分類法船舶系統當中的八個類別

圖 2-8　SFI 分類法當中的船體類別

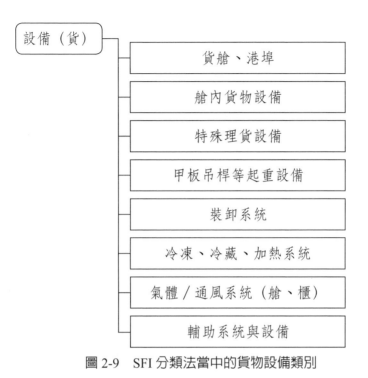

圖 2-9　SFI 分類法當中的貨物設備類別

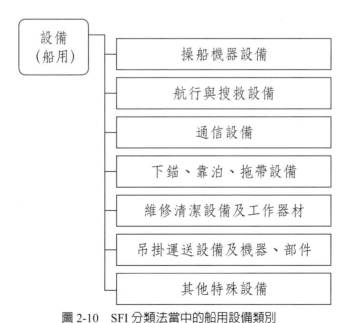

圖 2-10　SFI 分類法當中的船用設備類別

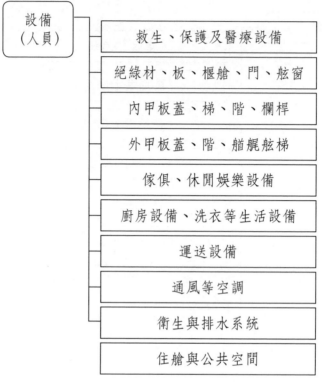

圖 2-11　SFI 分類法當中的人員設備類別

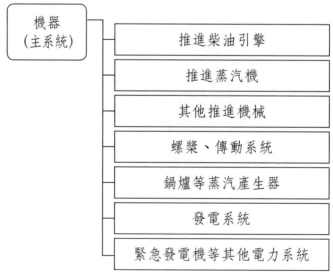

圖 2-12　SFI 分類法當中的主系統機器類別

二、船舶推進

　　船舶推進最早靠人划槳，接著在甲板上揚起風帆，借風推船，省下人力。再來隨著對天候、海流的觀察，將風帆設計與操作升級，充分利用季候風，便得以展開近洋乃至遠洋航行，探索新大陸和新文明。

　　東漢時期已有四桅四帆海船，靠著帆與舵的操作技術，便可充分掌控航向與航速。櫓則是另一項「先進」船舶推進技術。有別於槳，其保持沒入水中，迴轉動作相當類似當今螺槳，可連續划水，有效推進船舶。

　　北宋詩人張來以「輕櫓健於馬」形容搖櫓，強調人搖櫓的動作符合人體工學，比划槳輕鬆取多，能收持久健行之效。陸游在《初發荊州》詩：淋漓牛酒起檣乾，健櫓飛如插羽翰。破浪乘風千里快，開頭擊鼓萬人看。英國科學技術史學家李約瑟教授（Joseph Terence Montgomery Needham）便曾評論：「這些發明，遠遠超越了同時期的歐洲。」

　　民國十一年魯迅在《社戲》當中有這樣一段：「……於是架起兩支櫓，一支兩人，一里一換，有說笑的，有嚷的，夾著潺潺的船頭激水的聲音，在左右都是碧綠的豆麥田地的河流中，飛一般徑向趙莊前進了。」

　　十八世紀蒸汽動力的發展，可謂該時代最重要的變革之一。蒸汽機（steam engines）及其所提供的永不疲憊的動力，轉化了西方社會，使其生產從鄉村的工作仿，漸漸走向都市工廠。

　　造船（ship building）為此革命當中的一部分，也不例外。其藉著蒸汽動力，將水從乾塢中泵出，並用來驅動鋸木機檯。然而儘管此時的戰艦，已可藉蒸汽動力生產，其採用的船舶技術，卻仍相當落伍。例如 1805 年拿破崙在特拉法加海戰（Trafalgar）當中，對上英國皇家海軍的艦隊，仍僅以風力驅動。

　　實際以蒸汽動力推進船，應該從圖 2-13 所示的夏洛特 單達斯（Charlotte Dundas），這艘汽機船（steam ship, S.S.）說起。其以水平蒸汽機連結到曲軸，藉以驅動裝在船艉的槳輪（paddle wheel）推進，用來在蘇格蘭的 Forth and Clyde Canal 河道上推動駁船（barge）。

圖 2-13　S.S. Charlotte Dundas

　　船上的推進系統（propulsion systems）將迴轉運動（rotational mo-
tion）轉換成為平移運動（translational motion）。這類似希臘數學家阿基米
德（Archimedes）在 234 BC 做出來的螺旋機構，即螺槳（propeller）。此
螺槳的螺旋運動，由內燃機（internal combustion engine, IC engine）或外
燃機（external combustion engine）運轉產生。

　　若以內燃機作為推進用的主機（main engine），在引擎內部，透過燃
燒所形成的壓縮（compression）與膨脹（expansion）交互作用，推動活塞
（piston）進行往復運動（reciprocating motion），接著推動曲柄軸（crank-
shaft），以迴轉運動（rotation motion）驅動螺槳。

　　自 1960 年代以來，重燃油（heavy fuel oil, HFO）為船舶能源主流。

然由於其對人體健康和環境造成的衝擊，國際海事組織（International Maritime Organization, IMO）決意將海運能源，導向對健康和環境危害較小，相對潔淨的能源料。以下為幾種不同的船舶推進系統：

1. 風力推進

風力推進船舶藉帆擷取風能，隨著在船上引進蒸汽機與內燃機，其如今大多只限於娛樂用途。然而，顧及燃料成本與燃燒排放，藉由風帆以節約燃料消耗和降低排放，逐漸引發航運業者的興趣。

2. 蒸汽推進

十九世紀初期，蒸汽開始被用來推進船舶，用的是往復式蒸汽機（reciprocating steam engine）。二次世界大戰期間，用於大型軍艦上的，正是這類蒸汽機。進入二十世紀，往復蒸汽機逐漸被蒸汽渦輪機（steam turbines），乃至船用柴油機（marine diesel engines）所取代。

以蒸汽渦輪機推進船舶為 1800 至 1950 年期間的主流，主要以煤作為產汽燃料。隨著在船上引進柴油機和燃氣渦輪機（gas turbines），基於維修成本的考量，迄今已極少汽機推進的商船。

3. 柴油機推進

柴油推進（diesel propulsion）為當今最普及的系統。其運轉效率遠高於蒸汽機的。

4. 燃氣渦輪機推進

當今的燃氣渦輪推進系統大多用於，航速為關鍵考量的軍艦。其多半會與其他類型引擎結合使用。

有些軍艦和極少數的現代化郵輪，藉著將蒸汽渦輪機與燃氣渦輪機循環結合，充分利用燃氣渦輪機廢氣（exhaust）當中的廢熱（waste heat）來產生蒸汽，以驅動蒸汽渦輪機。

5. 核能推進

核能推進（nuclear propulsion）雖以核反應（nuclear reaction）作為其

主要動力來源，但仍會和其它動力來源相結合。就燃料成本與表現來看，如此可望成為最佳選項。

　　目前 IMO 正考慮採用類似航空母艦等軍艦，所採用的小型核反應器（small nuclear reactors），主要提供給大型船隊使用。

6. 燃料電池推進

　　利用電瓶和燃料電池（fuel cells）將船舶電氣化，亦屬船舶推進系統選項。

　　比起傳統內燃機，燃料電池的能源轉換效率更高，而得以減輕汙染和溫室氣體排放。維京淑女（Viking Lady）便是這類綠船（green ship）實例之一。

7. 太陽能驅動

　　目前有些船舶採用如圖 2-14 所示油輪甲板上，風力與太陽能搭配主機，作為推進能源，以減輕燃耗和有害物質排放。其太陽能板可裝在帆面或甲板上。

圖 2-14　風力與太陽能搭配主機推進油輪

　　一套標準的船舶推進系統，除了主機（main engine, ME），主要還包括以下部件或系統：

- 阻尼（damping）：用以防止傳動中的震動
- 聯軸器（flexible couplings）：用以連結原動機（prime mover）和齒輪箱（gearbox）
- 齒輪箱：用以降低推進器軸（propeller shaft）的轉速並讓軸可進行反轉
- 軸系（shafting）：連結原動機與螺槳，並傳遞出力
- 螺槳（propeller）：連至大軸（即推進器軸），在迴轉中產生推力（thrust），以推進船

　　總括當今用於推進船舶的主機，幾乎不外以下幾種：

- 柴油引擎（diesel engine）
- 柴電混合（diesel-electric）
- 蒸汽渦輪機（steam turbine）
- 燃氣渦輪機（gas turbine）
- 全電力（all electric）：以電瓶驅動電動馬達，轉動大軸
- 柴油機與柴油機混搭（combined diesel and diesel, CODAD）
- 柴油與燃氣渦輪機混搭（combined diesel and gas turbine, CODAG）
- 蒸汽與燃氣混搭（combined steam and gas turbine, COSAG）

8. 柴油主機

　　柴油主機，依照其迴轉運動的快慢（每分鐘轉數，revolution per minute, RPM）區分成高速（high speed）、中速（median speed）及低速（low speed）三種引擎。

　　常見的大型商船，需要的是慢速的大力矩（torque）推進系統，所以都選用低速柴油引擎。至於只能提供有限空間的船，就只能用中、高速引擎。這時便需要在引擎和推進器軸（propeller shaft）之間，裝上齒輪箱（gearbox），來操控和傳遞力矩。

9. 柴電混合

　　藉柴油發電機產生電力以驅動電動馬達，接著轉動大軸。其中，發電機發出的電，可直接透過變壓器饋給馬達，或是儲存在電瓶內。

　　採用柴電推進的船舶，相較於持續運轉大型推進柴油主機，一方面可減輕燃料消耗，同時可降低其排放對環境造成的衝擊。此外，採用電動馬達以縮短柴油機的運轉時數，維修成本也可大幅降低。而且電驅船的操控性也較佳，尤其是在低速情況下。

　　圖 2-15 所示，為這類柴電系統一例。其以兩部電動馬達串聯在一起，作為該船原動機。其電力則由三部柴油發電機產生，經由配電盤（switchboards）控制並配送給馬達。這些馬達再透過減速齒輪箱（reduction gearbox）聯結到推進器軸。

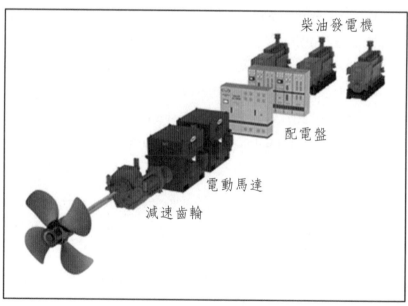

圖 2-15　柴電推進系統

10. 燃氣與蒸汽渦輪機

　　如今雖有戰艦等特殊船舶，採用渦輪機作為原動機，但大多數軍艦在平

時巡航（cruising）時僅運轉柴油引擎，直到例如接戰時，才啓動渦輪機以滿足高速需求。此渦輪機可能是燃氣或蒸汽渦輪機。

　　圖 2-16 所示，爲燃氣渦輪機系統一例。其以和噴射飛機所用相同的燃油 jet fuel 作爲燃料。高速運轉的渦輪機，經由減速齒輪降低 rpm，以驅動船舶推進器或噴水器葉輪（waterjet impeller）。

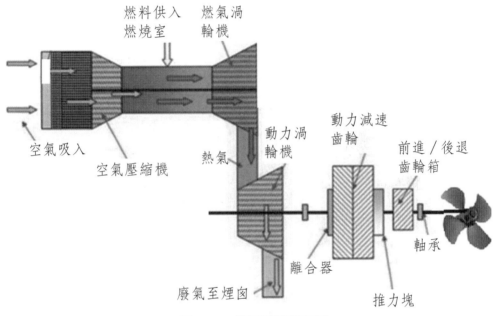

圖 2-16　燃氣渦輪機系統

　　蒸汽渦輪機則以高溫、高壓蒸汽，「吹」動渦輪機葉片，以帶動推進器軸。航空母艦（aircraft carriers）或大型驅逐艦（destroyers）等的大型蒸汽渦輪主機的能源，有可能是一核子動力場（nuclear power plant）。

11. 核子動力船

　　世界上有極少數核動力（nuclear-powered）貨船。核動力商船如此稀少的主要理由，在於其建造成本和運維本都相當高。核動力軍艦，則幾乎無此考量。

12. 原動機混搭組合

　　結合各類型原動機以驅動船舶的可能性，愈來愈多。這些組合，在於符合該船的特定運作需求。近幾年廣泛採用的組合，爲柴油主機搭配電動馬達，以及柴油主機搭配燃氣渦輪機。

三、推進系統與舵

　　圖 2-17 所示，爲乾塢中船艉的推進器與舵實景。

圖 2-17　塢內船艉部的推進器與舵

1. 推進系統

　　圖 2-18 所示，爲一艘柴油機船（motor vessel, MV）的推進系統：柴油主機活塞進行往復運動（reciprocating action）作功產生的動力，透過曲柄軸（crankshaft）轉換成迴轉運動，帶動推進器軸，驅動螺槳運轉。

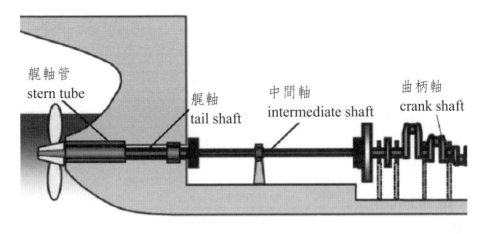

圖 2-18　油機船的推進系統

　　推進器軸（propeller shaft）可區分成三個主要部件：推力軸（thrust shaft）、中間軸（intermediate shaft）及艉軸（tail shaft）。

　　從引擎延伸過來推力軸，直接將曲柄軸的迴轉運動，傳遞出來。中間軸則延伸推進器軸，並吸收震動。此軸有些很長，視推進器與引擎之間的距離而定。

　　艉軸通常以艉軸管（stern tube）套著，以承受船艉遭受到的各種力。如圖所示，艉軸管安裝在艉架（stern frame）上，位於推進器和舵的後方。其同時扮演船艉塞子的角色，藉由填料（package）封住整個船艉部分。

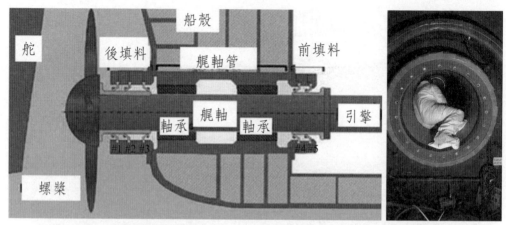

圖 2-19　艉軸管結構（圖左）；驗船師在艉軸管內進行檢查（圖右）

　　此外，在推進軸上還包括：

- 偶合軸承（coupled bearing）：聯結相鄰軸，在於承受艉部極大的震動應力（vibrational stresses）
- 推力塊（thrust blocks）：位於推進器軸末端，用以支撐推進器軸，將來自軸的過剩出力，分散傳至船殼

2. 初期的船舶推進：槳輪

　　十八世紀開發出的蒸汽動力，提供了永不止歇的動力，轉變了西方世界，將生產活動，從鄉間的工作間移到了都市的工廠。

　　造船活動亦然。英國皇家海軍船塢，先是藉由蒸汽動力將船塢內的水泵出，並用來驅動鋸台。接著又利用蒸汽來起重。然而，當時卻仍未將蒸汽用在船上，其艦隊仍只靠風力驅動。最主要應該是，當時的蒸汽機效率太低，不符實用要求。

　　法國發明家 Marquis de Jouffroy 於 1776 年，利用瓦特的引擎來轉動划

槳，驅動一艘小船，如圖 2-20 所示。

圖 2-20　Marquis de Jouffroy 以引擎轉動划槳的小船

　　到了 1787 年，美國的 James Rumsey 建了一艘噴射推進船，以泵將水從船艉噴出。接著有各種設計的槳輪（paddle wheel）驅動船被陸續推出。最成功的應屬 1801 年由英國的 William Symington 推出的 Charlotte Dundas，用於在 Forth 和 Clyde 運河拖行駁船。接著美國的富爾敦（Robert Fulton）於 1807 年的 North River Steamboat 航行在哈德遜河的紐約市與阿爾巴尼（Albany）之間，成為第一艘商用輪船。如圖 2-21 所示的汽機船（steam ship, SS）Savannah，則於 1819 年，成為世上第一艘橫跨大西洋的風／汽混合動力船。

圖 2-21　第一艘橫跨大西洋的風／汽混合動力船 SS Savannah

　　富爾敦首先將蒸汽機用在戰艦上。美國海軍在 1812 年獨立戰爭中，以此蒸汽槳輪驅動巡洋艦（如圖 2-22 所示），擊潰封鎖紐約港的英國皇家海軍。

圖 2-22　槳輪驅動的美國巡洋艦富爾敦號

　　最初這些蒸汽動力槳輪，都裝在船舯附近左、右兩舷。後來發展出槳輪設在船艉的汽船，如圖 2-23 所示。

圖 2-23　槳輪裝在船艉的蒸汽機船

3. 中國水車輪船

　　根據歷史記載，中國早在東晉末年便有簡稱「車船」的水車輪船，如圖 2-24 所示。

圖 2-24　東晉末年的車船

　　東晉義熙十二年（西元 416 年），劉裕北伐，進攻後秦。根據《資治通鑑》記載：「王鎮惡率水軍自河（黃河）入渭以趨長安，……秦人見艦進而無行船者，皆驚以為神」。

　　到了南宋初年，出現「飛虎戰艦」。《梁溪全集》卷 29 形容她：「鼓蹈雙輪勢似飛」，可知該船的推進，靠的是左右相對的水車輪，類似圖 2-25 所示。

圖 2-25　南宋車船推進系統示意

　　根據《楊么事蹟》：楊么在洞庭湖起兵反宋，宋軍高宣「造八車船樣……船兩邊有護車板……但見船行如龍……極為快利」。又根據《宋會要》：「造下車船……每支可容戰士七、八百人。」圖 2-26 所示，為後人還原這類車船，藏在艙內的手搖推進系統。右圖則為加上類似當今飛輪的慣性輪的模型。

圖 2-26　古車船手搖推進系統模型；右圖加上了慣性輪

　　1904 年美國於聖路易斯舉辦世界博覽會，滿清政府也提供了許多木船模參展。圖 2-27 所示，為清末民國初年間，以槳輪推進，航行在國內江河的「輪船」。

圖 2-27　清末民國初年間航行在國內江河的「輪船」

4. 螺槳取代槳輪

　　槳輪的一大問題是，其在轉動循環當中，只有當槳葉沒入水中時才產生推力，推進效率偏低。另外，這類槳輪船雖在江、河等平靜水域中表現不俗，卻並不適用在開放，尤其是海況惡劣的海域上。尤有甚者，這類貨輪的貨載變動影響槳輪吃水情況甚鉅，更不利於推進效率。

　　因此，接下來便在於找出，能始終完全浸在水中的替代推進方式。這時便想到了螺槳（propeller）。此構想正是古希臘用來泵送水的阿基米德螺桿（Archimedes screw），如圖 2-28 所示。

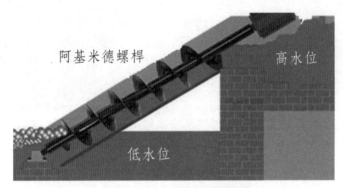

圖 2-28　阿基米德螺桿

　　圖 2-29 所示，為美國史帝芬斯（John Stevens）在紐約港展示的螺槳驅動小輪船。英國發明家 Francis Pettit Smith 於 1837 年展示了一艘以如圖 2-30 所示的，雙扭螺槳（木製）推進船。正當航行過程中，該螺槳意外破掉一半，卻讓船立即加速前進。接下來設計出的螺槳，因此得以大幅提升推進效果。

　　1845 年，英國皇家海軍為了要讓槳輪推進器與螺槳推進器一較高下，將兩艘分別以槳輪與螺槳推進的巡洋艦，艉對艉綁在一起，進行拔河比賽。結果螺槳推進的 The Admiralty 勝出。螺槳推進器乃從此取代了槳輪推進器。

圖 2-29　史帝芬斯的螺槳驅動蒸汽機船

圖 2-30　Smith 展示的雙扭螺槳推進船

圖 2-31　分別以槳輪與螺槳推進的巡洋艦的拔河比賽

習題

1. 試簡要敘述船舶推進動力的演進。

2. 試列述當今用於推進船舶的幾種主機。

3. 試繪簡圖，並藉以說明一艘柴油機船的推進系統。

4. 試厄要敘述，船舶推進器如何從槳輪演變到當今的螺槳。

第三章

船舶主機

　　圖 3-1 所示，為一部柴油主機（main diesel engine）的大致組成，和站在底部的輪機員（圖左）。右圖為它正在船塢內，被吊裝到船上機艙內的實景。較大的輪船主機，全高可超過 17 公尺。

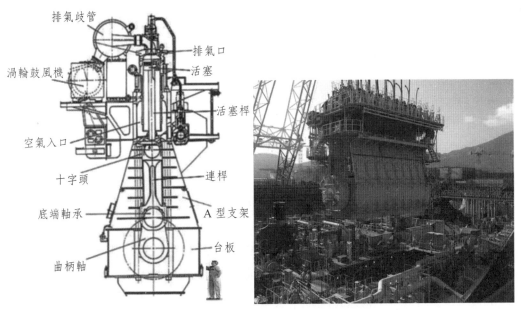

圖 3-1　柴油主機組成和正吊入機艙實景

一、主機系統

　　以柴油引擎作為主機，需要搭配以下系統，一道進行運轉：

- 啟動空氣系統（air start system）
- 潤滑油（lubricating oil system）
- 冷卻水系統（cooling water system）
- 燃油系統（fuel oil system）

　　所以，輪機員在預備啟航，準備啟動主機，即所謂主機備便（stand-by engine）時，首先需就各系統進行以下各項檢查。

1. 啓動空氣系統

　　起動船舶柴油引擎靠的是，將壓縮空氣（compressed air）依照適當順序送進氣缸（cylinder）內。這些供應的壓縮空氣則是儲存在高壓槽（high pressure vessel）內，以供隨時使用。該儲存的壓縮空氣量，最多足以供應十二次起動所需。這套起動空氣系統當中設有內鎖（interlocks），以防萬一系統內出現任何失序狀況。

　　圖 3-2 所示，爲一套船舶柴油主機的起動空氣系統。空氣壓縮機（air compressors）將生產出的壓縮空氣送進儲氣槽（air reservoirs）內。這些壓縮空氣再經由大管子，供應到一遙控的自動閥（automatic remote valve），再到各氣缸的起動空氣閥（starting valves）。某起動閥一旦開起，壓縮空氣隨即流入該氣缸內。

　　這道起動空氣閥的控制，靠的是一套先導空氣系統（pilot air system）。該先導空氣則由主機的起動桿（starting handle）控制。

　　在操控起動桿時，會先藉由一股先導空氣開起遙控閥，同時供應到一組空氣分配器（air distributor）。其一般由引擎的凸輪軸（camshaft）和先導空氣驅動，以控制各氣缸的起動空氣閥。該閥原本靠彈簧維持關閉狀態，這時藉先導空氣開啓，讓儲氣槽內的壓縮空氣得以，直接依照一定順序，進入引擎各氣缸內。圖上所示，位於遙控閥管路上的遙控閥，在於在引擎的轉俥機（turning gear）處於接上的狀態下，阻止壓縮空氣進入氣缸。該遙控閥同時在於防止，已被引擎進一步壓縮的空氣回流到系統當中。

　　源自空氣壓縮機的潤滑油在正常運轉情況下，會跟著壓縮空氣一道流到空氣管路內，並沉積其中。而一旦氣缸的起動空氣閥出現洩漏，高溫氣體將進入空氣管中，將此潤滑油點燃。

　　若在此時起動空氣供入引擎，則將在管路當中引發爆炸。爲防止這類事故發生，應妥善保養各缸起動閥，並定時疏放空氣管路。同時亦須藉著保養，將排自空壓機的油減至最少。

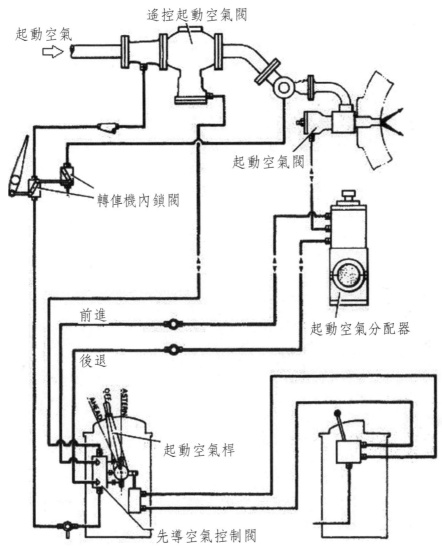

圖 3-2　船舶柴油主機起動空氣系統

圖 3-3　船上儲氣槽和相關管路及控制部件

起動空氣系統的注意事項

　　起動空氣系統的操作與維護，皆須非常注意。高壓空氣本身加上其中的潤滑油，可成為爆炸性混合物，應極力避免。起動空氣系統中的各疏放點應定時操作，並隨時檢查系統管路，以盡可能排除系統中的殘油。相關注意事項如下所列：

①疏放啓動空氣系統內，任何存在的疏水（drain water）；

②疏放儲氣槽（air reservoir）和控制空氣系統（control air sys）內任何存在的水；

③對空氣系統供氣施壓，並確定壓力保持在正確範圍內；

④確認主機排氣閥（exhaust valves）彈簧關閉氣缸內，保持供應壓縮空氣。

2. 潤滑油系統

對引擎各運動部件持續潤滑（lubricating）的主要目的，在於減輕摩擦與磨耗。潤滑油（lubricating oil）同時也具備清潔（cleaning）與冷卻（cooling）的功能。如圖 3-4 所示，主機潤滑油系統將潤滑油，從位於主機曲軸箱（crankcase）底下的滑油儲存櫃（storage tank）泵送，經油過濾器（oil filter）、滑油冷卻器（cooler），到引擎內軸承（bearing）、曲柄軸（crankshaft）等各部位，進行潤滑。接著，潤滑過引擎的滑油，經過疏漏（drain）收集後，再重複使用。在此過程中，用過的油經過離心淨油機（purifier）處理，將水分與雜質從油中分離，藉以恢復滑油品質。

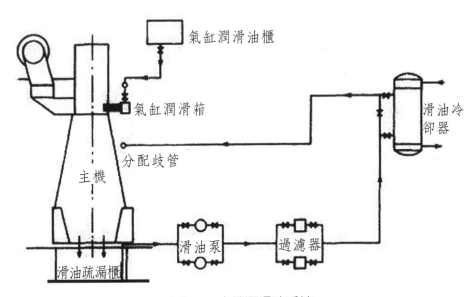

圖 3-4　主機潤滑油系統

氣缸潤滑油

一般稱為「大缸油」的氣缸潤滑油儲存櫃（cylinder oil storage

tank），設置在比氣缸注油器（cylinder lubricator）高三米的位置。大型低速柴油引擎藉由一各自獨立的潤滑系統，將油注入氣缸套（cylinder liner），對氣缸進行潤滑與清潔。不同於前者，此油僅使用一次，不回收。以下為在啟動主機之前，針對眠滑油系統採取的主要步驟：

①檢查主機油池（oil sump）油位，並視需要給予補充；

②啟動主機滑油泵（lubricating oil pump）及過給氣機（turbocharger, T/C）滑油泵；

③確認所有滑油壓力皆為正確；

④確認引擎與過給氣機皆有滑油妥適流通；

⑤檢查氣缸滑油櫃內油位，並對注油器的供油保持開啟；

⑥檢查氣缸油流量計（flowmeter）作動正常，並記錄流量計顯示的數值。

3. 冷卻水系統

主機冷卻，靠的是淡水等冷卻液，在引擎內部的通道循環流通。該冷液被加熱之後，再藉由冷卻器，以海水進行冷卻。如此冷卻可讓引擎的金屬部件，維持一定的機械性質。亦即，引擎內某些部件，若未能得到適度冷卻，將因過熱導致故障。

(1) 淡水冷卻系統

在圖 3-5 所示低速柴油主機的冷卻系統，分成兩套系統。其中之一在冷卻氣缸套（cylinder jackets）、氣缸頭（cylinder heads）及渦輪鼓風機（turbo-blowers）；另一則在冷卻活塞。

氣缸套冷卻水在離開引擎後，流經以海水冷卻的冷卻器，在到缸套水循環泵（jacket water circulating pump）。接著在泵送到氣缸套、氣缸頭及渦輪鼓風機。位於上方的缸套水頭櫃（header tank），讓此水得以膨脹，並補充系統內的水。在此系統中，並設有一加熱器，用作在進行暖機之前，先加熱循環水。活塞冷卻系統所包含的部件與缸套水的類似，除了其以疏水櫃取代了水頭櫃。

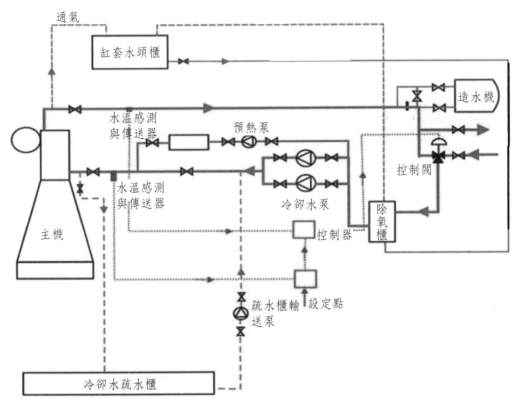

圖 3-5　低速柴油主機的冷卻系統

(2) 海水冷卻系統

各種不同在引擎內流通的冷液，都需要靠海水冷卻。如圖 3-6 所示，船上通常會配置潤滑油、缸套水和活塞水冷卻器，分別以海水進行冷卻。

海水藉主海水泵（main seawater pump）從位於機艙底部的海底門（seachest）吸入，流經個冷卻器將廢熱帶走之後，排出船外入海。海底門包含一位於較高位置的閥，可避免將底泥吸入冷卻系統。另一低位海底閥，用於在大洋中航行時。如此可避免，例如船在搖晃時吸入空氣，進入冷卻系統，或是吸進浮在水面的垃圾，造成堵塞。

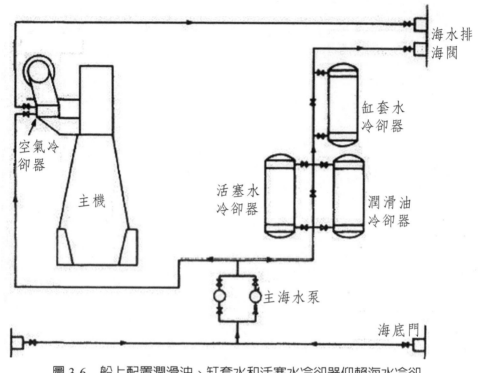

圖 3-6　船上配置潤滑油、缸套水和活塞水冷卻器仰賴海水冷卻

(3) 中央冷卻系統

　　當今船舶多以包含一大型冷卻器的中央冷卻系統（central cooling system），作為這類海水冷卻之用。如此一來，僅有很少數的設備，需要和海水接觸，整套系統當中的腐蝕（corrosion）和汙損（fouling）問題，也就大大減輕了。

　　中央冷卻系統包含低溫循環與高溫循環。從高溫循環出來的淡水，可用作造水機蒸發器的熱源。低溫循環針對空氣冷卻器（air coolers）等其他溫度較低的冷卻器，進行冷卻。這類中央冷卻系統的優點包括：

‧由於大幅減少與海水接觸，腐蝕與汙損大幅減輕，導致保養需求大幅減少。

‧冷卻器顯著簡化，冷卻器保養容易許多，管路安裝成本亦明顯降低。

‧隨著海水的挑戰大幅減少，整套系統可接受便宜許多的材料。

- 整體上水溫度可維持得相當穩定，因為熱震（thermal shock）所導致的傷害，可大幅減輕。

　　以下為使用這類冷卻水系統，所需注意的幾項重點：

- 確認主機缸套處於正常狀況。亦即在港期間，主機缸套水持續經由預熱器（preheater）進行循環，未曾冷下來。

- 確認冷卻水系統壓力正確，無漏。當引擎達到正確的運轉溫度時，需重新檢查一遍。

- 檢查膨脹櫃（expansion tank）水位。若水位出現明顯降落，表示有漏水。

4. 燃油系統

　　柴油主機的燃油系統，可分成兩部分來談：燃油供應（fuel supply）和燃油噴射（fuel injection）系統。燃油供應系統在於提供適用於噴射所需要的燃油。這套燃油供應系統，主要包含燃油的添加（bunkering）、儲存（storage）、輸送（transfer）及處理（treatment），如圖 3-7 所示。

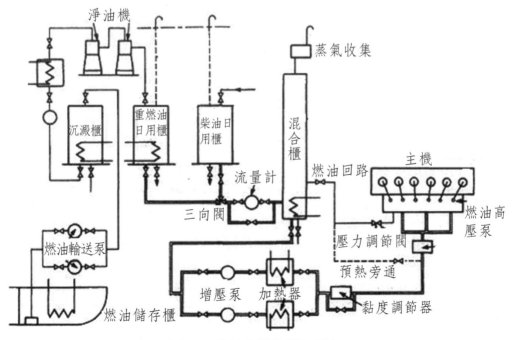

圖 3-7　柴油主機的燃油系統

　　利用停靠期間，船用燃油經由甲板上的加油接頭，加到位於船上不同部位，內部設有加熱器（heaters）的儲存櫃（storage tanks）。接著，經加熱的燃油，藉著燃油輸送泵（transfer pumps）送至位於機艙，也設有加熱器的沉澱櫃（settling tanks）內，進行加熱、沉澱，將燃油中所含水分和雜質，從油中初步分離出。經過沉澱的燃油，接著再藉由離心淨油機進一步處理後，泵送到日用櫃（daily service tanks）內備用。

　　來自日用櫃的油，經過流量計（flowmeter）、加壓泵（booster pump）、黏度調整器（viscosity regulator）等之後，再藉由以引擎帶動的燃油泵，以相當高的壓力提供給噴油器（injectors）。

　　這整套系統還包含不同的安全裝置，例如低位警報器（low-level alarms）及可在萬一發生火災時關閉的油櫃出口遙控快關閥（quick-close valves）等。

燃油噴射

　　燃油噴射系統在於在對的時間點和狀態下，噴入正確數量的燃油到氣缸內，完成最佳燃燒。因此關鍵在於對供應油量、時間及燃油霧化（atomization）的精準控制。目前最常用的，是一套電子控制的共軌（common rail）系統。

　　以下為使用燃油系統的主要步驟：

①檢查燃油供應泵（FO supply pump）及燃油循環泵（FO circulating pump）。若引擎停機時燒的是 HFO，則燃油循環泵（FO circulating pump）和燃油加熱器（FO heater）都應一直維持運轉；

②檢查燃油壓力與溫度。檢查燃油流量計數字，確定處正常運作狀態；

③檢查引擎所有儀表讀數，必要時修復或更換；

④檢查所有掃氣收受器（scavenge receiver）和疏水箱（drain tank）保持開啓，疏放旋塞關閉。

二、柴油主機類型

柴油主機主要分成以下幾種類型：
- 四行程引擎（4 Stroke Diesel Cycle engine）
- 二行程引擎（2 Stroke Diesel Cycle engine）
- 二行程十字頭引擎（2 Stroke Crosshead engine）
- 單流掃氣與環流掃氣（Uniflow and Loop Scavenging）

一般二行程引擎的尺寸，會比四行程引擎的來得大，適合用作大型船舶推進。

1. 四行程循環

圖 3-8 所示，依序為四行（衝）程迪賽爾循環：
① 吸入（intake）行程
② 壓縮（compression）行程
③ 出力（power）行程
④ 排氣（exhaust）行程

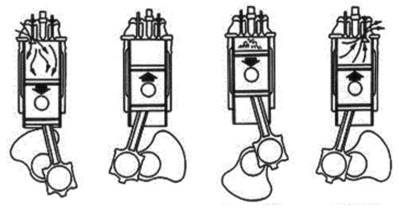

第一行程吸入　第二行程壓縮　第三行程出力　第四行程排氣

圖 3-8　四行程迪賽爾循環

(1) 吸入（**induction, intake**）行程

　　如圖 3-9 所示，首先在吸入（進氣）行程當中，曲柄（拐）軸（crank-shaft）順時鐘迴轉，活塞（piston）在氣缸（cylinder）當中向下移動。此時，進氣閥（inlet valve）跟著開啓，再藉由過給氣機（turbocharger）吸入新鮮空氣，送至氣缸內。

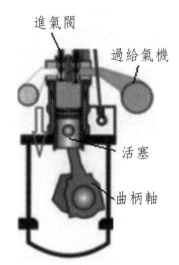

進氣閥

過給氣機

活塞

曲柄軸

圖 3-9　四行程引擎的吸入行程

(2) 壓縮（**compression**）行程

　　接著，如圖 3-10 所示，在壓縮行程當中，進氣閥關閉，供給的空氣在氣缸內，被向上移動的活塞壓縮，如此將能量傳遞給了空氣，使其壓力與溫度隨之提升，成爲高溫、高壓氣體。活塞在到達氣缸的上死點（Top Dead Centre, TDC）之前，其壓力與溫度分別達 100 bar 與 500℃以上。

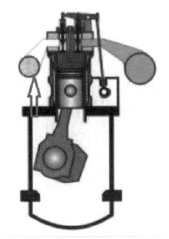

圖 3-10 四行程引擎的壓縮行程

(3) 出力（power）行程

　　如圖 3-11 所示，正當活塞即將到達 TDC 之前，燃料噴射器（fuel in-jector）將燃油以高壓噴入氣缸內。此時被高壓霧化（atomized）的燃油，成為微小顆粒。如此，可將這些顆粒迅速加熱，接著在活塞通過 TDC 時，開始燃燒。接著，此燃燒產生的高溫、高壓膨脹氣體（expanding gas），便得以將氣缸內的活塞往下推，帶動曲柄軸進行迴轉運動。此行程讓引擎得以做功，產生能量。

高溫、高壓燃氣

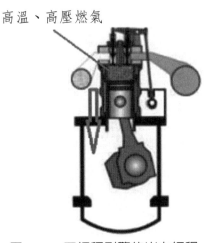

圖 3-11 四行程引擎的出力行程

(4) 排氣（**exhaust**）行程

　　當活塞即將來到氣缸的下死點（Bottom Dead Centre, BDC）時，排氣閥（exhaust valve）開啓。正當活塞在氣缸中向上移動時，熱燃氣（主要包含 NOx、SOx、CO、PM、CO_2、水氣）隨即被趕出氣缸。接著，當活塞再次接近 TDC，進氣閥開始開啓，重複進行循環。

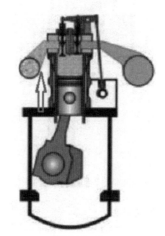

圖 3-12　四行程引擎的排氣行程

2. 二行程柴油引擎

　　二行程柴油引擎（two stroke cycle diesel engine）在對燃料與空氣進行壓縮之後，需進行兩個出力行程，以完成整個循環（圖 3-13）。一如四行程引擎，二行程引擎同樣會發生噴燃、燃燒、膨脹、壓縮，只不過其燃氣的排放和空氣的引進，是同時在行程底部進行。此稱爲掃氣（scavenging）的動作，即爲二行程與四行程循環的最大不同。

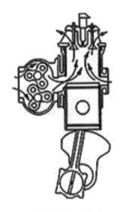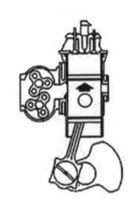

排氣與進氣　　　第一行程　壓縮　　　第二行程　出力

圖 3-13　二行程循環

(1) 二行程十字頭引擎

　　連結活塞與曲柄軸，有兩種基本類型。目前所有的低速二行程引擎廠商，都採如圖 3-14 所示的十字頭（crosshead）。如圖 3-15 所示的筒形活塞（trunk piston）則僅用於小型四行程引擎。

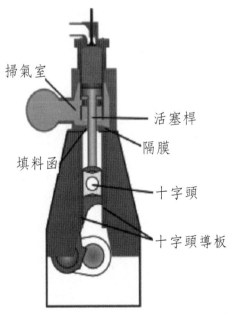

掃氣室

活塞桿

隔膜

填料函

十字頭

十字頭導板

圖 3-14　十字頭柴油引擎

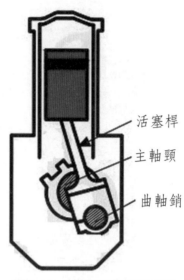

活塞桿

主軸頸

曲軸銷

圖 3-15　筒狀活塞柴油引擎

十字頭當中有一連結到連桿（connecting rod）的迴轉元件。其在於將燃燒室產生的垂直負荷，透過連桿和軸承轉換成曲柄軸的迴轉運動。在曲柄軸上產生的水平推力，則由白色金屬表面的靴（shoes）加以吸收。

筒狀活塞結構則以一迴轉軸承，直接連結到連桿上。產生的側向推力則由活塞上的延伸裙部加以吸收。其主要優點為引擎高度可因此減少。

二行程十字頭柴油引擎的原理與循環，和二行程筒狀活塞柴油引擎完全一樣。筒狀活塞柴油機的缺點，是其潤滑油從曲軸箱（crankcase）在飛濺上來潤滑氣缸套時，會有一部分進入掃氣室（scavenging air belt），可導致汙損及引發掃氣室火災等風險。

此外，筒狀活塞並有可能導致缸套和活塞裙部磨耗，讓空氣進入曲軸箱。此引進的氧氣可形成熱點，導致曲軸箱爆炸。

曲軸箱滑油添加劑，可用以減輕燃料中硫等成分，在燃燒過程中所產生的酸等產物，藉以降低腐蝕風險。

(2) 單流（uniflow）與環流（loop）掃氣

如前面所述，所謂掃氣（scavenging）指的是，藉由比大氣壓力高的空

氣，將排氣（exhaust gas）從氣缸排出的過程。和四行程引擎不同的是，二行程柴油機並非藉由活塞推出排氣，而是在 BDC 附近，引進空氣將排氣掃出（scavenge）氣缸。

在氣缸頭（cylinder head）內設有一組掃氣閥（exhaust valve）的二行程引擎，即為單流掃氣引擎（uniflow scavenged engine）。其掃除空氣（scavenging air）只在一個方向上流通。

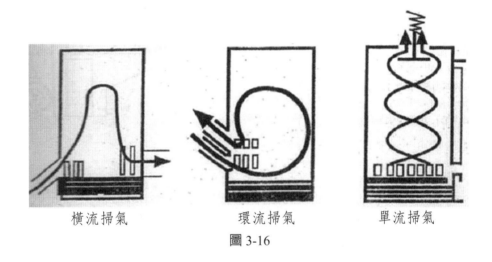

橫流掃氣　　　　　環流掃氣　　　　　單流掃氣

圖 3-16

【輪機小方塊】

船舶主機為什麼二行程引擎較四行程普及？

如前所述船舶主機包括，二行程與四行程柴油引擎，但大多為前者，其主要理由包括：

- 燃料選擇：燃料占船舶運轉成本比例相當高，因此航商傾向選用低價燃料。二行程引擎能燒劣質低價燃料。這點在高油價時代，尤其重要。

- 效率：比起四行程，二行程引擎的熱效率（thermal efficiency）和引擎效率（engine efficiency），都要好得多。

- 出力：大型、長衝程二行程引擎，能產生更大出力（output）。其出力與重量比，也遠高於四行程引擎。
- 裝載容量（cargo capacity）較大：因為出力／重量比較大，裝貨量也就更大。
- 可靠性（reliability）：二行程引擎運轉起來，更可靠。
- 保養需求小：因為簡單、可靠。
- 直接操控：更容易直接啟動和倒轉。
- 無需搭配減速附屬裝置：因為低速，用不到減速齒輪配置。

3. 主機依轉速分類

主機可依其迴轉速度（rotational speed）分成慢速（slow speed）、中速（medium speed）或高速（high speed）類別。

(1) 低速引擎

一般低速船用引擎的曲軸轉速介於 100 至 120 rpm 之間，以簡單二行程循環運轉。低速引擎得以直接與推進器軸（propeller shaft）接合運轉。現今例如油輪、散裝船、貨櫃船等絕大多數商船，皆採用這類引擎。這類引擎具有高熱效率，且可燒比其他燃料相對便宜的重燃油（Heavy Fuel Oil, HFO）。

此外，由於這類引擎構造簡單，運動零件較少，而得以有高得多的平均翻修間隔（Mean Time Between Overhauls, MTBO），且維修需求也較少。表 3-1 所列，為 Wartsila X92 主機的基本規格實例。

表 3-1　Wartsila X92 主機規格

氣缸內徑	920 mm
行程	3,468 mm
轉速	70～80 rpm
氣缸數	12

重量	2,140 公噸
出力	73,560 kW

(2) 中速引擎

　　如圖 3-17 所示的一般中速柴油引擎，曲軸轉速介於 250 至 800 rpm，以四行程循環運轉。一艘船若採用中速主機，由於其曲軸轉速偏高，必須藉由減速齒輪箱（reduction gearbox）和推進器軸聯結。

　　這類引擎一般需燃燒船用柴油（Marine Diesel Oil, MDO）或是船用氣油（Marine Gas Oil, MGO）。相較於低速引擎，中速引擎的出力／重量比要好得多，亦即其單位重量所能產生的出力，比低速引擎為高。

圖 3-17　中速柴油引擎

　　表 3-2 所列，為 MAN18V48/60CR 中速引擎的基本規格實例。

表 3-2　MAN18V48/60CR 中速引擎規格

氣缸內徑	480 mm
行程	600 mm

轉速	500 rpm
氣缸數	18
重量	265 公噸
出力	21,600 kW

(3) 高速引擎

一般高速柴油引擎曲軸轉速超過 1,000 rpm，以四行程循環運轉，且需要透過減速齒輪與推進器軸聯結。此外，高速引擎的構造比起中、低速引擎的，都要複雜許多，大多用在車輛上。

4. 主機運轉

以下摘要列述船舶柴油主機的運轉過程：

①某控制量的燃料以高壓噴入；

②氣缸內的活塞將燃料與空氣一道壓縮，產生的高壓與高溫導致燃料與空氣混合物爆發，接著釋出熱並提升燃氣（combustion gas）溫度；

③此暴增壓力將活塞推動，經由連桿與曲柄軸的配置，將直線運動（transverse motion）轉換成迴轉（rotary motion）運動；

④如此重複爆發，驅使曲柄軸持續迴轉；

⑤曲柄軸透過一飛輪（flywheel），聯結到螺槳推進器（propeller），做出推進船舶的機械功；

⑥在進行下個爆發之前，透過引進的空氣將廢氣經由排氣閥，排出氣缸，同時供給用作下個燃燒過程所需的新鮮空氣。

引擎的閥門和燃料泵（用來將燃料供應至噴燃器）皆由一凸輪軸（camshaft）驅動。此凸輪軸則由曲柄軸帶動。

正常運轉中的巡視與檢查

船在航行時的運轉狀態下，必須保持巡視與檢察，以確保維持正常運轉與防範未然。主要檢查對象，為系統各部位的溫度與壓力。

　　抄表指的是從儀表上讀取數值，記錄並與正常值相較。該值取決於引擎的轉速和引擎出力。在最佳數值下運轉，可得到引擎的最佳表現。

　　重要的數據還包括負荷指示器位置（load indicator position）、過給氣機轉速（turbocharger speed）、增壓空氣壓力（charge air pressure）、排氣溫度（exhaust gas temperature before the turbine），及當日燃料消耗量（daily fuel consumption）。

　　此外還須進行以下巡查工作：

①檢查並比較氣缸平均指示壓力（mean indicated pressure）、壓縮壓力（compression pressure）及最大燃燒壓力（maximum combustion pressures）；

②檢查油霧偵測器（oil mist detector）的運作狀態；

③檢查冷卻與潤滑系統的關閉閥，確認在正確位置。運轉中引擎的各冷卻進出口閥，必須保持全開（fully open）；

④當冷卻水出口出現不正常高溫時，必須微調到正常值。突然改變溫度，可因熱震（thermal shock）對引擎造成傷害；

⑤過給氣機進口排氣溫度，不得超過最大允許值；

⑥從煙囪排煙顏色，判斷燃燒情形；

⑦正常冷卻水流情形下，在空氣冷卻器（air cooler）後的增壓空氣溫度須維持正常。增壓空氣溫度過高，往往會導致氣缸中氧量減少，結果導致燃料消耗提升，及排氣溫度過高；

⑧檢查空氣濾網和空氣冷卻器，前後的空氣壓力降（pressure drop）。進氣過度受阻，可導致引擎內缺乏空氣。

【輪機小方塊】

　　主機備便（main engine standby, M/E S/B）前的準備工作有哪些？

・啟動前，以熱水在缸套等各部位循環暖機，讓引擎各零件一起均勻膨脹；

・檢查各櫃、濾器、閥、疏水（drains）等；

- 啓動潤滑由泵和循環水泵,確認所有可看見的回流都正常;
- 檢查所有控制設備和警報器都運作正常;
- 開啓示功閥,接上轉車機,將引擎轉動幾轉。如此可將各缸內收集到的水逼出;
- 檢查燃油系統,並循環熱油;
- 輔掃氣鼓風機(auxiliary scavenge blowers)若為手動,應啓動;
- 脫離轉車機,並關閉示功閥。

  此時,主機已然備便,準備啓航。

5. 主機廠牌

當今最有名的船舶主機製造廠為:

- MAN Diesel & Turbo(先前為 B&W engines),
- Wartsila(先前為 Sulzer Engines),如今為 WIN GD。

此外,日本的三菱(Mitsubishi)生產發電機與車用等輕型、中型、重型柴油引擎。勞斯萊斯(Rolls Royce)以生產郵輪與軍艦引擎聞名;Caterpillar 則以生產中、高速船用柴油引擎聞名。

前述船用引擎的生產地包括,例如 MAN Diesel Augsburg, Copenhagen, Frederikshavn, Saint-Nazaire, Shanghai 等地。Wartsila 在芬蘭、德國、中國大陸等地皆有設廠。另外,一些大造船廠,亦可生產船用引擎。

【輪機小方塊】

什麼是盤車?為什麼要盤車?

慢慢轉動引擎,可檢查是否有水等流體漏入氣缸,避免對引擎構成損害。照說,藉由如圖所示的轉車機(turning gear)進行盤車(cranking)之前,應取得駕駛台同意。執行前並應預做潤滑。此外,吊缸時,為了調整引擎零件的位置,也會用到轉車機。

圖 3-18　轉車機現場

啟動轉車機之前必須：

- 確定操車桿（regulating handles）位在 FINISHED WITH ENGINES（FWE）的位置；
- 確認各缸的示功閥（indicator cocks）皆已開啟；
- 先以轉車機轉動引擎一轉。檢查看看是否有任何流體從示功閥流出；
- 脫離轉車機，並確定其已鎖在 "OUT" 位置；
- 確認 "TURNING GEAR ENGAGED" 指示燈已熄滅。

三、船舶主機術語

船舶的整體運作主要取決於其主機的額定出力（power rating）。以下介紹在不同參數與狀態下，用來表示主機性能的幾個重要專業術語。

1. 額定功率

　　額定功率（Rated Power）指的是：由引擎廠商所提供，在所欲達到或額定（rated）曲柄軸 RPM 下的連續有效出力（continuous effective power）。

　　額定出力包含以引擎出力帶動的輔助系統，作動在引擎上的負荷。用來選擇某引擎最大連續出力（Maximum Continuous Rating, MCR）的最重要因素之一，即取決於額定出力。

2. 指示馬力

　　指示馬力（Indicated Horse Power, IHP）指的是：在引擎燃燒室內，藉燃料燃燒所實際產生的出力。因此，其爲評估燃燒效率（combustion efficiency）或是氣缸內釋出熱能的基礎。根據引擎的設計，其以如下理論公式計算出：

$$\frac{P \times L \times A \times N}{4500}$$

式中

P = 氣缸的平均指示壓力（mean indicated pressure）

L = 引擎的衝程

A = 引擎氣缸截面積（Cross sectional area）

N = 引擎轉速，RPM

3. 軸馬力

　　軸馬力（Shaft Horse Power, SHP）指的是：從引擎傳遞至推進器軸（propeller shaft），在轉換成推進器推力（thrust）之前的出力。其藉由扭力計（torsionmeter）測得。

4. 制動馬力

　　制動馬力（Brake Horse Power, BHP）所指爲：不考慮引擎帶動的，例

如軸發電機（shaft generator）、交流發電機、齒輪箱等輔助系統所造成的出力損失，所量得的馬力。此為在曲柄軸以制動測功儀（brake dynamometer）所量得的出力，會比軸馬力高。此在於軸所提供的出力，尚須將摩擦與機械損失一併計入。

5. 額定最大連續出力

額定最大連續出力（MCR）所指為：引擎在安全限度和狀況下，連續運轉所能產生的最大出力。其會顯示在引擎的名牌和技術資料上。例如比燃料消耗率（specific fuel consumption）和引擎性能等重要數據，皆由引擎的 %MCR 所導出。

6. 標準額定出力

標準額定出力（Standard Rating）所指為：引擎在正常轉速下，亦即能提供最高經濟效率（economical efficiency）、熱效率（thermal efficiency）及機械效率（mechanical efficiency）情況下的最大出力。在此轉速下，引擎可維持最低耗損率。

7. 有效出力

有效出力（Effective Power）所指為：引擎輸出端，亦即在與飛輪和中間軸（intermediate shaft）等聯結的曲柄軸凸緣（crankshaft flange）處，所能提供的出力。有效出力取決於引擎尺寸及其機械效率（mechanical efficiency），可藉以下方法估測：
- 量測轉速與轉矩
- 量測引擎的平均指示壓力（mean indicated pressure）

8. 連續出力

連續出力（continuous power）維持連續安全運轉所測得的 BHP。

9. 出力與重量比

出力與重量比（Power to weight ratio）可說是針對某船選擇主機時最重要的考量。隨著船趨向超大型，引擎的重量可導致更高的吃水而致降低航

速。同時，配置較小的引擎，其所占空間亦可縮小，得以增加載貨容量同時維持較高航速。因此，為求一艘船有較佳且有效率的表現，首先最好有較高的出力／重量比。

10. 主推進出力

　　主推進出力（Main Propulsion Power）所指為：船上所安裝用以推進的原動機，所能供應的總出力。其不包含雖整合在推進單元當中，卻非在正常運轉時提供推進，例如軸發電機等的出力。

【輪機小方塊】

在港內冒黑煙怎麼辦？

　　商船造訪的許多國際港口都有針對船舶在港冒黑煙的法規與罰則。其中有些港口的港區工人，甚至會在出現這種情形時，全面停工。其後果的嚴重性不難想見。而輪機人員須防止這類情形發生的壓力也可想而知。

　　為找出這類狀況的起因，便必須針對靠港期間保持運轉的三套系統，即發電機、鍋爐及惰氣產生器（inert gas generator, IGG），進行了解。

　　黑煙的主要肇因，為空氣與燃料比率的不平衡，亦即供給空氣與噴入燃油搭配不當。黑煙當中所含，主要是在缺氧燃燒過程中所產生的顆粒。追蹤黑煙，首先要做的是：

- 到駕駛台甲板看清，整個煙囪當中哪根管冒出最明顯的黑煙，發電機或是鍋爐的？
- 若是發電機，則啟動備便的發電機以確認黑煙已然減輕。接著再進行檢修。
- 若是鍋爐，且一時找不出原因，則先換用柴油，接著停掉鍋爐檢修。

檢修發電機

- 檢查全船電力負載，確認供電的發電機是在最佳範圍內運轉，並確認其高過給氣機以高 RPM 供給空氣，使達高效率燃燒。

- 檢查過給氣機鼓風機的濾網是否乾淨，以確保供入足夠空氣。
- 確保過給氣機葉片與噴嘴皆乾淨且完好。
- 確定搖臂挺桿間隙（tappet clearances）皆為準確，以避免進氣量不足。
- 確定發電機間內對某發電機的鼓風充足。
- 確認所有單元的溫度皆為正常。
- 若所有單元溫度皆不正常，則需檢查燃油泵、燃油黏度及正時等噴燃系統。
- 檢查發電機引擎的性能，確保熱能與電力之間維持平衡。

檢修 IGG 與鍋爐

- 檢查其空燃比設定。這是黑煙的最常見成因。
- 停止鍋爐，打開燃燒室門，檢查看燃燒器噴嘴有無任何滴油現象。
- 若重燃油的油溫低於應有的，也可能造成黑煙。因此須確保維持該有的油溫。
- 燃燒器的霧化單元（atomizer unit）有問題也可形成黑煙。
- 若剛換油，則須按照說明書選用相容調節比（compatible turndown ratio）。
- 確認渦流片（swirler plate）等空氣分布裝置能正常作動。

習題

1. 試列出以柴油引擎作為主機，需要搭配一道進行運轉的幾個系統。
2. 試依序列述四行程柴油引擎的四個循環。
3. 試列述二行程柴油引擎的循環和四行程的有什麼不同。
4. 試摘要列述船舶柴油主機的運轉過程。
5. 低、中、高速柴油引擎的轉速分別大約在什麼範圍？

第四章

船舶輔機

　　輔機（Auxiliary machineries）涵蓋船上除推進系統當中的主機以外，幾乎所有的設備、管路、系統及裝置。以下為包含在輔機系統當中的一些小系統。

- 管路（piping system）
- 熱交換器（heat exchanger）
- 泵（pump）
- 淨油機（purifier）
- 淡水機（fresh water generator）
- 空氣壓縮機（air compressor）
- 冷凍與空調（refrigeration and air conditioning）
- 油水分離器（oil/water separator）
- 汙水處理（sewage treatment plant）
- 甲板機械（deck machineries）
- 舵機（steering gear）
- 穩定系統（stabilizer）

一、管路系統

　　船上配置管路系統的目的，在於輸送水、空氣、燃油和燃氣等流體，並達到特殊功能，例如供應動力來源、冷卻、工作流體的輸送等。從圖 4-1 上可看到，暴露在一艘油輪甲板上，輸送貨油（cargo oil）的管路。管路系統除了管（pipes），還須配裝管路屬件（fittings），才能發揮應有的功能，而閥（valves）便是管路屬件當中用得最多的。

　　有些閥僅用於流體的延續、調整或阻斷，另有一些較特殊的閥，則在於保護設備及配合系統操作的需求。例如在圖 4-2 所示的燃油管路系統當中：

- 燃油經過燃油輸送泵，從船底油艙送到機艙內的油櫃當中。
- 從油櫃將油送到淨油機進行純化處理，接著再將「乾淨」的油，送到引擎當中燃燒。

圖 4-1　一般油輪的主甲板實景

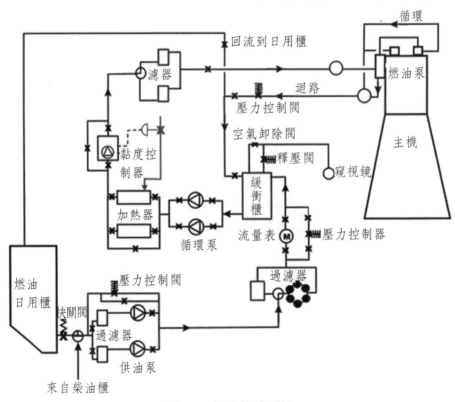

圖 4-2　燃油管路系統

‧整個過程當中，除了管子，還有燃油加熱器、過濾器、閥、儀表等部件牽
　涉其中。

1. 輪機員上船的第一步：摸清管路

　　船上管路系統有如人或其他生物體內的血管、淋巴管及神經等，其是
否正常運作，關係到整體「健康」。而輪機員也就如同醫生，首先須對管路
的來龍去脈充分了解，才能在故障時找到問題所在，對症下藥。輪機員出
錯，往往正是因為不清楚管路系統整體，或其中某些單元所致。

　　儘管任意兩艘船所用設備與配置不盡相同，但其操作的基本原理與觀念
卻一樣。「摸」管路，是輪機員新任一條船的首要工作。以海水系統為例，
我們首先要想的是「海水邏輯」：海水管路首先由高、低水位海水吸入的海
底門（sea chest）通過過濾器與吸入切斷閥（cut-off valve），再經由主海
水泵（sea water pump）送往冷卻海水（cooling sea water）管路，進行所
需要的冷卻工作。

　　認清這些管與閥對於輪機員而言，極其重要。因為如此才得以在緊急狀
況下，立即採取正確的行動，來停止或限制狀況惡化，進而化險為夷。例如
當熱燃油管破了洞，油噴到高溫排氣管上，引發火警。在此情況下，顯然你
不會有時間「好好的」找出可用來切斷油路的閥或管路。而若是早已清楚知
道，該閥的正確位置，自然能很快避免掉接下來的嚴重事態。

2. 閥與管路屬件

　　閥可用來阻止或啟動流體流動、控制流量、改變流向、防止逆流、控
制壓力或釋放壓力等，進而使機器或乃至動力場系統正常運作。因此閥可分
為：壓力、溫度、黏度控制類，流量控制類及方向控制類。如圖 4-3 所示，
此螺旋關閉停止閥（screw down stop valve）的基本組成包括：本體（valve
body）、閥子（disc）、手輪（handwheel）及襯料（filler）。

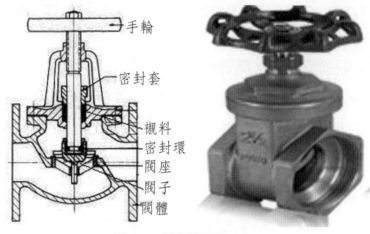

手輪

密封套

襯料
密封環
閥座
閥子
閥體

圖 4-3　螺旋關閉停止閥

　　如圖 4-4 所示的閘閥（gate valve）可調整流量但不精準，一般設計成
全開或全關，有不同型式，適用於各種不同流體。又如圖 4-5 所示的止回
閥、逆止閥（check valve, non-return valve），則在於讓流體維持朝一定方
向流動。左圖的閥子上下移動（lift check），右圖的閥子前後擺動（swing
check），控制開與關。

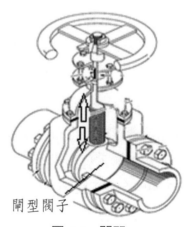

閘型閥子

圖 4-4　閘閥

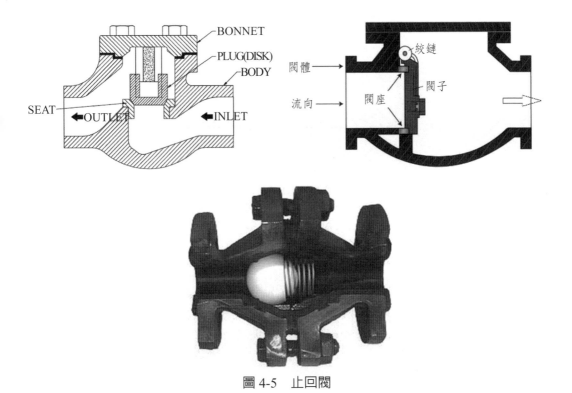

圖 4-5 止回閥

　　如圖 4-6 所示的蝶型閥（butterfly valve）可調整流量，但不精準，常用來控制水、空氣流。圖 4-7 所示的針閥（needle valve），則可精確的調節流量，用於微調高壓氣體。

圖 4-6 蝶型閥

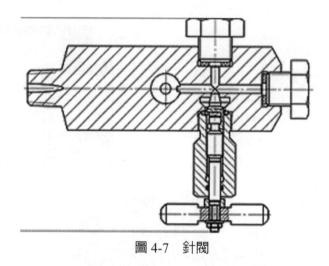

圖 4-7　針閥

　　從如圖 4-8 所示快關閥（quick closing valve）的外觀，可明顯看到彈簧與槓桿。其通常裝設在潤滑油及燃油儲存、沉澱、日用等櫃的出口，可現場操作，也可透過鋼絲、氣油壓遙控，在緊急情況下，可在遠端瞬間藉彈簧力量關閉閥門。

圖 4-8　快關閥

　　圖 4-9 所示的自動關閉閥（self-closing valve）平時保持關閉，只有在疏放（drain）櫃中沉澱物，或檢查櫃內油位時，才以手動開啓，接著會在彈簧壓力或配重作動下，自動恢復關閉狀態。

圖 4-9　自動關閉閥

　　鍋爐、儲氣槽等壓力容器頂部，必須安裝如圖 4-10 所示安全閥（safety valve）。其目的，是要在危急時能迅速開放，釋放掉密閉容器內壓力。

圖 4-10　安全閥

　　調節閥（regulating valve）在於透過調節流體的流量，以調節流體的壓力和溫度等。例如圖 4-11 所示膜片減壓閥（diaphragm-operated pressure-reducing valve, PRV），可從外部調節彈簧，以對具較大面積膜片施力。此力經由回授機制閥桿（stem），控制閥塞（valve plug）開度，而得以調節（降低）壓力。

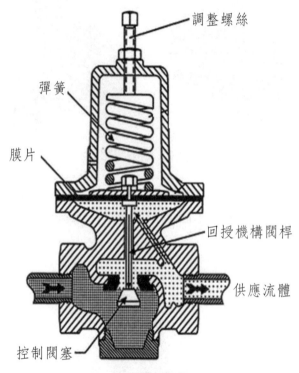

調整螺絲

彈簧

膜片

回授機構閥桿

供應流體

控制閥塞

圖 4-11　膜片減壓閥

3. 管路符號

　　在管路上，須以國際通用的顏色，明顯標示管路內的不同流體。這在緊急況下，更是需要。另外，如圖 4-12 所示的各種管路符號，可用以查閱管路圖等相關文件。

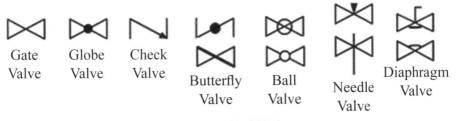

Gate
Valve

Globe
Valve

Check
Valve

Butterfly
Valve

Ball
Valve

Needle
Valve

Diaphragm
Valve

圖 4-12　管路符號

二、熱交換器

　　如圖 4-13 所示的熱交換器（heat exchanger, HE），一般都會透過一熱傳面（heat transfer surface）進行熱交換，但也可直接接觸傳熱。

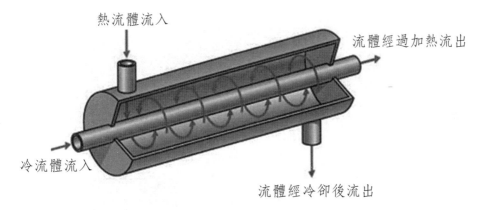

熱流體流入

流體經過加熱流出

冷流體流入

流體經冷卻後流出

圖 4-13　單管熱交換器

　　船上安裝熱交換器的目的在於：

- 冷卻（cooling）：將運轉產生的熱量以循環冷劑（coolant）帶走；
- 加熱（heating）：加熱到適當的溫度，以利於系統運轉；以及
- 改變相（phase change）：達到例如儲存的目的，例如天然氣之液化。

　　例如柴油主機系統的海水冷卻系統，以海水直接或間接在潤滑油（lubricating oil）、活塞水（piston cooling water）、缸套水（cylinder cooling water）、供給空氣（charge-air）、過給氣機（turbocharger）、循環燃油閥（circulating fuel oil valve）等的冷卻器（coolers）內流通。另外也用來直接冷卻或冷凝（condense）空壓機（air compressor）和造水機等。

　　一般熱交換器由於熱傳方式、結構形式及使用的目的各有差異，而有不一樣的稱呼，例如：

- 加熱器（heater）
- 冷卻器（cooler）
- 蒸發器（evaporator）
- 氣化器（gasifier）
- 凝結器（condenser）
- 過熱器（superheater）
- 再熱器（reheater）
- 再生器（regenerator）
- 散熱器（radiator）

　　如圖 4-14 所示的板式熱交換器（plate type HE）主要包含骨架和板組兩部份，板組分配流體至傳熱面，依次一側流道走冷流體，下一側流道走熱流體，冷、熱流體作充分熱交換。

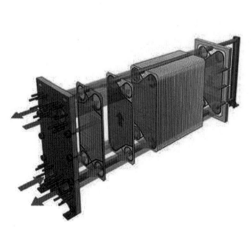

圖 4-14　板式熱交換器

三、流體輸送機──泵

泵（pump）分成兩大類型：正排量泵（positive displacement pumps）和動力旋轉泵（rotodynamic pumps）。

正（定）排量泵在於重覆「抓」出一定量的流體，緊接著迫使其排（排量）至排出管當中。如此規律的流體排量，得以直接提升壓力。

顧名思義，正排量泵在每一運轉循環當中，會送出一定量液體。無論泵系統當中對流體構成的阻力為何，此流量皆保持一定。惟其缺點，在於送出的流體呈現間斷流（intermittent flow），亦即每次所輸送的液體為獨立分開的量，其間則無輸送量。

因此，為了將這類間斷效應降至最低，泵中可設置數個空間，讓輸送量能有重疊，使趨於連續流。其依設計與運轉區分為三類：

- 往復泵（reciprocating pumps），
- 迴轉泵（rotary pumps），及
- 膜片泵（diaphragm pumps）。

1. 往復泵

往復泵在十九世紀時，便已廣泛用於蒸汽推進的輪船、火車。其結合活塞與汽缸，及用來吸入與排出流體的止回閥，成為一泵。如圖 4-15 所示，用於卸清貨物（stripping，搜艙）的蒸汽驅動往復泵，多為雙缸或三缸，有些能獨立進行吸入與排出行程的單動（single acting），有些可從兩個方向進行吸入與排出的雙動式（double acting）。

往復泵可以馬達或引擎產生的空氣、蒸汽等工作流體來驅動，或是透過引擎或馬達直接驅動。當今的往復式泵，一般用於泵送像是混凝土、重油等高黏度流體。

圖 4-15　Shinko 蒸汽驅動往復泵

2. 迴轉式泵

　　如圖 4-16 所示的迴轉泵，在於因應日益增加的，對液體輸送的要求。1588 年就有了關於四葉片滑片泵的記載。自從改以高速電動機驅動後，便迅速發展各類迴轉式泵，包括圖 4-17 所示的齒輪泵（gear pump），適宜輸送的液體種類也趨於繁多。

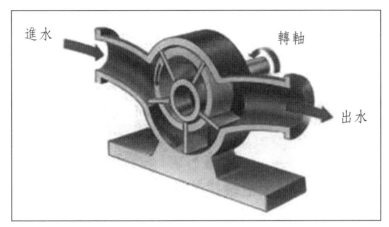

圖 4-16　迴轉泵

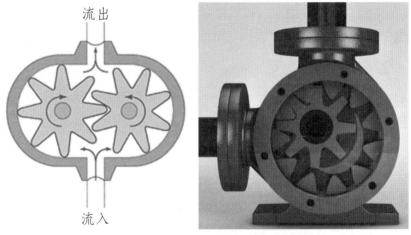

圖 4-17　齒輪泵

3. 動力旋轉泵

　　動力旋轉泵以在流體當中旋轉的葉輪（bladed impellers），所產生的切線加速度加諸流體，以提升流體的能量，接著將此能量轉換成壓力能（pressure energy）。目前工業或生活所用的絕大多數泵，皆屬如圖 4-18 所示的離心泵（centrifugal pump）。

圖 4-18　離心泵

4. 噴射泵

　　如圖 4-19 所示，構造簡單的噴射泵（jet pump），藉由水、空氣、蒸汽等高壓流體通過漸縮噴嘴（nozzle），製造出一定真空度（vacuum），引進欲排出流體通過漸闊的擴散口（diffuser），一道增壓排出。

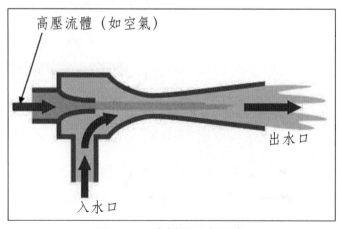

圖 4-19　噴射泵工作示意

四、空氣壓縮機

　　圖 4-20 所示，為一般船上的壓縮空氣系統。這些壓力不等的壓縮空氣，可用來做以下工作：

- 啟動空氣：用來啟動主機、發電機等柴油引擎；
- 雜用空氣：用來驅動工具和救生艇吊車等其它設備；以及
- 控制空氣：用於自動控制裝置。

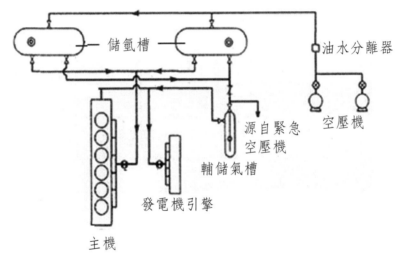

圖 4-20　壓縮空氣系統

　　壓縮空氣的生產靠的是如圖 4-21 所示的空氣壓縮機。常壓空氣通過空氣濾清器吸入，經過第一級（primary stage）增壓後，陸續經過第二級（secondary stage）、第三級壓縮（third stage），產生高壓空氣，送至儲氣槽儲存備用。由於在此增壓過程中，空氣的溫度亦隨之提升。因此從圖中可看出，在各級增壓過程之間，分別仰賴前冷卻器（pre-cooler）、中間冷卻器（inter-cooler）及後冷卻器（after cooler），持續對增壓後的空氣進行冷卻。

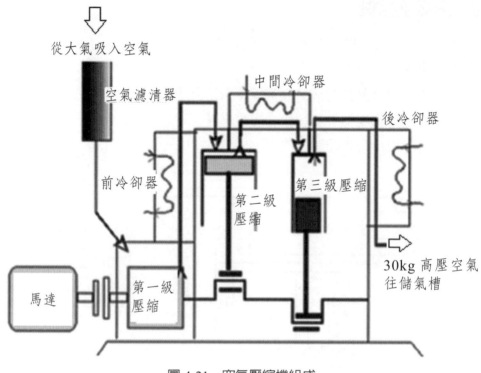

圖 4-21　空氣壓縮機組成

控制與保護裝置

圖 4-22 所示，為壓縮空氣系統中所不可或缺的各項控制與保護裝置。為能對高溫、高壓空氣安全且有效率的掌控，以下控制與保護裝置，是壓縮空氣系統當中不可或缺的。

- 壓力開關（pressure switch），
- 卸荷閥（unloading valve），
- 溫度開關（thermo-switch），
- 滑油壓力開關（oil switch），及
- 安全閥（safety valve）。

圖 4-22   壓縮空氣系統的控制與保護裝置

　　此外，為了確保壓縮空氣的品質，尚需藉由過濾及乾燥等過程，將空氣中雜質、濕氣及油去除。

五、冷凍與空調

　　由於商船需在海上持續獨立航行相當時日（數日至數十日），食物保鮮和空間（例如住艙與貨艙）空氣調節的重要性，不言可喻。因此，冷凍與空調，也就成為輪機技術的重點之一。在貨物方面，冷凍對於如圖 4-23 所示的冷凍貨櫃（refrigerated container）、冷凍貨櫃船（reefer）及如圖 4-24 所示液化天然氣船，更是重要。

圖 4-23　冷凍貨櫃

圖 4-24　液化天然氣船

1. 冷凍作用與循環

　　一般商船上的肉庫（meat room）和菜庫與乾貨間（vegetable/handling room）必須分別維持在大約零下 17℃及 4℃的狀態。

　　冷凍機（或稱冰機，refrigerator）的作功原理猶如泵浦，故又稱熱泵（heat pump）。亦即，其必須吸取欲降溫空間的熱量，排至外界，並持續

進行，讓冷處更冷。在此冷凍過程中，我們讓熱量跟著媒介，即冷媒（refrigerant）抽出並排除，並維持循環。在此整個循環當中包含以下過程：

- 壓縮成高壓／膨脹回低壓，及
- 蒸發成氣體／冷凝成液體。

此循環系統當中的四大部件爲：

- 壓縮機（compressor）：將氣態冷媒增壓，
- 冷凝器（condensor）：將熱傳給空氣或海水，
- 蒸發器（evaporator）：將液態冷媒蒸發成氣體，及
- 膨脹閥（expansion valve）：將高壓液態冷媒降回低壓。

2. 冷凍與冷凍循環

(1)壓縮機將冷媒從低壓、低溫的氣態，壓縮成高壓、高溫氣態；

(2)高壓、高溫的氣態冷媒經冷凝器吸熱，凝結成高壓、常溫的液體狀態；

(3)高壓、常溫的液體狀態冷媒經毛細管（膨脹閥）降壓爲液、氣混合的低壓、低溫狀態；

(4)液、氣混合的低壓、低溫冷媒，流經室內側的蒸發器吸熱，轉變成低壓、低溫的氣態冷媒，接著進行下一個循環。

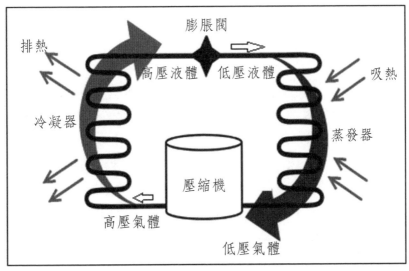

圖 4-25　冷凍循環

3. 自動控制

冷凍系統的自動控制型態大致包括：

- 制冷狀態的自動控制，
- 運轉穩定的自動控制，
- 故障偵測的自動控制，及
- 經濟運轉的自動控制。

其自動控制裝置則包括：

- 恆溫器（thermostat），
- 壓力開關（pressure switch），
- 電磁閥（solenoid valve），
- 冷卻水調節閥（adjusting valve），及
- 安全裝置（safety device）。

4. 冷凍單位

kCal（仟卡）為公制熱量單位，1 kCal 等於使 1 kg 的水升高攝氏 1 度所需要的熱量。1 公制冷凍噸（refrigerating ton, RT）指的是，將 1,000 公斤（1 公噸）0℃的冰（冰的熔解熱為 79.68 kCal/kg），在 24 小時內變為 0℃的水，所吸收的熱量。亦即 1 RT ＝ 79.68 kCal/kg×1000 kg/24 Hr ＝ 3.320 kCal/hr。

5. 空氣調節

進行空氣調節（Air conditioning, A/C）的目的，在於調節特定場所之溫度、溼度、清淨度及氣流，使其保持最健康、宜人的空氣狀態。當今空調，還必須融入能源保存與效率。冷／暖氣機的基本原理包括：

(1)冷房效果：夏（熱）天，液態冷媒在室內蒸發，吸收室內的熱量。

(2)暖房效果：冬（冷）天，氣態冷媒在室內冷凝，放出熱量。

此外，為確保室內空氣品質，尚須落實空調四要素：

- 乾球溫度（dry-bulb temperature）之調節，
- 相對濕度（relative humidity, R.H.）之調節，

- 清淨度（cleanness）之調節，及
- 氣流（air flow）之調節。

　　其中，乾球溫度之調節包括：

- 冷卻（cooling）：夏天利用冷媒直接膨脹或二次冷媒（冷水）間接膨脹的方式，在冷卻盤管完成冷卻。
- 加熱（heating）：冬天利用鍋爐產生的熱水或蒸汽，透過加熱管加熱亦可以電加熱。

　　相對濕度之調節包括：

- 除濕：空調裝置利用表面溫度低於露點（dew point, D.P.）的冷卻盤管（cooling coil），讓空氣通過盤管，可同時降低乾球溫度並使水分凝結。圖 4-26 中的冷卻盤管具冷卻除濕（cooing demoisturizing）的功能。

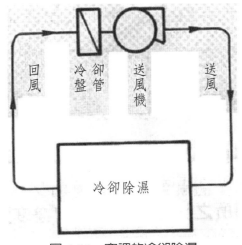

圖 4-26　空調的冷卻除濕

- 加濕：以霧狀熱水或蒸氣與空氣混合，使空氣的溫度及含水量提升，達到加濕（moisturizing）的目的。
- 進氣／換氣：在回風進氣口吸入新鮮空氣，可達換氣之效果。當室內壓力高於室外大氣壓力時，為正壓力，室內空氣會從門、窗等往外洩漏。反之，為負壓力。

- 氣流之調節：藉著送風機、送風管、出風口及回風管等的配置，使室內維持適宜的空氣流速、良好的空氣分布、及均勻的室內溫度。

六、燃油處理（純淨化）

1. 燃油處理的重要性

在船上處理燃油的重要性可歸納如下：

- 燃料成本（fuel cost）最高時，可占船運營運（operating cost）成本的55～60%，視燃料價格與相關設備的運轉成本而定。
- 煉油技術的精進，使號稱「鍋底油」的殘餘煉油產品（residual oil）更趨劣化。殘留的觸媒微粒（catalytic fine）更可嚴重威脅引擎。
- 為降低營運成本，航運界選擇使用劣質，價格相對低廉的燃油。而船舶引擎技術的精進，也使引擎得以接納此劣質燃油。
- 船用燃油劣質化的趨勢，使得船上自力處理燃油更趨重要。

2. 處理方法

油的處理（oil treatment）不外在於藉著以下方法，從油當中分離出水等雜質：

- 沉澱：藉輕重差異，去除水和固體顆粒。
- 過濾：藉大小差異，去除固體顆粒。
- 離心：藉輕重差異，去除比油重的水與其他固體。
- 過濾：如圖 4-27 所示雙座式濾油器（duplex oil filter），可藉著油中不同成分顆粒大小差異，去除固體顆粒。
- 淨油機：重燃油、滑油、柴油、回收油（used oil），皆可以類似離心機（centrifuge）的淨油機（purifier）進行處理（如圖 4-28 所示）。

圖 4-27　雙座式濾油器

圖 4-28　淨油機現場

3. 串聯與並聯運轉

　　將兩部淨油機並聯使用的目的，在於提高淨油量（即淨油速率）。至於將其串聯運轉，則在於提升淨油品質。此時，一台作為初階處理的淨油機（purifier），另一台扮演的是進一步提稱產品品質的潔油機（clarifier）。

七、油水分離器

油汙染（oil pollution）堪稱海運對海洋環境構成威脅的首要議題。源自船舶的油汙染（oil pollution）有兩種類型：

- 意外事故（accidental）：例如在添加燃油（bunkering）過程中或船舶擱淺等事故中，油意外溢出（oil spill）。
- 正常運轉下（operational）：例如清洗油艙櫃（tank wash）、艙底水排海（bilge pumping overboard）等故意排放。

根據源自船舶海洋汙染防治國際公約 MARPOL 73/78 當中的附則壹（Annex I）防止油類汙染規則所規定，船上控制油的排放，應配備：

- 油水分離設備（separating equipment），及
- 過濾設備（filtering equipment）。

預防船舶正常運轉造成的汙染，必須藉著配合船舶之設計、設備及操作、維修，以防止像是機艙所產生含油廢水，以及清洗油艙所產生油水混合物，經由艙底水系統（bilge system）排入海中。如圖 4-29 所示，為一般稱為「15 ppm」的油水分離器（oil/water separator）。

其在初級階段（1st stage），先藉由重力加上浪板的凝聚，促使油從水中分開，接著待油上浮、水下沉到一定程度後，流入次級階段（2nd stage）。在此，油含量低於 100 ppm 的油水混和物藉由細濾器的凝聚效果，進一步將油從水中分離出，達到水中油含量低於 15 ppm 的限度，接著分別收集、排出。

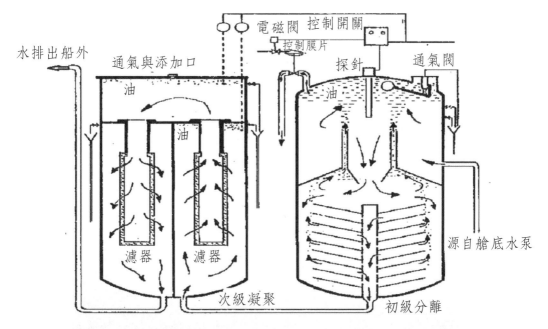

水排出船外
通氣與添加口
油
油
濾器   濾器
次級凝聚

電磁閥 控制開關
控制膜片
探針   通氣閥
油
源自艙底水泵
初級分離

圖 4-29   油水分離器工作原理與實景

八、焚化爐

　　船上設置如圖 4-30 所示的焚化爐（incinerator），在於燒掉機艙所產生的廢油、汙水處理後之汙泥、油汙破布等可燃固體垃圾。其運轉，必須遵守 MARPOL 公約針對空氣汙染防制的附則陸（Annex VI）當中，例如禁止燃燒 PVC 等相關規定。

圖 4-30　船上設置的焚化爐

九、汙水處理器

　　一般貨輪，以 17 名船員計算，每天會產生約 200 公升汙水。若是郵輪，則每天產生一萬公升汙水屬正常。未經妥善處理的汙水排放進入環境，除了對人體健康構成威脅，並會產生例如引進營養質，造成水體優養化（eutrophication），藻類快速擴張並降低水中含氧，甚至導致例如海草等生物永久消滅等問題。

生活汙水定義

　　圖 4-31 當中所示，船上不同來源的生活汙水（sewage），包括灰水（gray water）及黑水（black water）。灰水指的是船上的廚房、浴室、洗臉台等排放的汙水；黑水則指廁所、醫務室等排放之汙水。

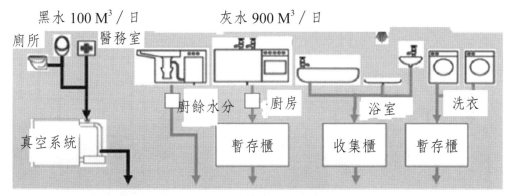

黑水 100 M³／日　　　　灰水 900 M³／日

廁所　　醫務室

廚餘水分　廚房　　　浴室　　洗衣

真空系統　　暫存櫃　　收集櫃　　暫存櫃

圖 4-31　船上不同來源的生活汙水

　　根據 MARPOL73/78 Annex IV「防止船舶生活汙水造成汙染公約」規定，凡總噸位 200 噸以上，或未滿 200 噸，但經核准搭載 10 人以上之新船，均需裝置下列設備：
- 汙水處理設備；
- 收集、儲存的汙水櫃（hold tank），並附有容量指示器；以及
- 排岸的國際標準法蘭接頭。

　　經汙水處理設備處理後的排放標準則為：
- 大腸桿菌每 100 毫升不得超過 250 個；
- 固體懸浮物（suspended solids, S.S.）每公升不得超過 100 毫克；以及
- 五日生化需氧量（BOD_5）之幾何平均數不得超過 50 mg/L。

　　船上的住艙區（accommodation）各層艙間的排放汙水管，分為左、右兩舷，各有一支總管。而各層的左、右舷總管，再連結成左舷及右舷各一支的總管，此總管則分別與排海管，及汙水處理裝置的進口相連接。有些船使

用眞空式抽水馬桶（vacuum toilet），爲利於檢修方便，每層都各設一支總管，直接於眞空泵進口總管相接。

　　圖 4-32 所示，爲船上設置的汙水處理設備示意。圖中右上角，船上產生的汙水（黑水），首先經過過濾、沉澱，溢流至曝氣池進行生物處理，再進一步沉澱後留至氯化與收集槽，經過殺菌後以泵排出船外。

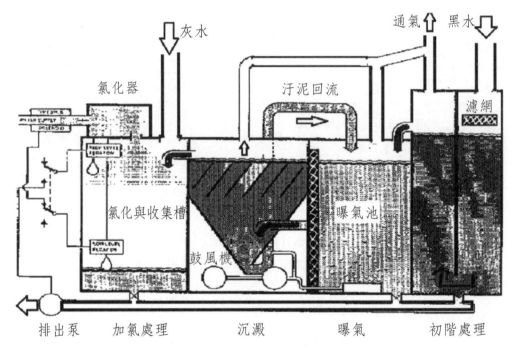

圖 4-32　船上汙水處理設備

十、淡水製造機

　　船上自製淡水的理由可歸納如下：

• 降低對外界補給的依賴，增強續航力；

• 回收引擎餘熱，能源節約又降溫；

• 造出的蒸餾水更適用於機器，增進輪機工作狀況與壽命；以及

• 減少船舶淡水儲存空間,增加載貨容量。

　　商船上所裝設如圖 4-33 所示的低壓蒸發造水機(fresh water generator, distillation plant),其低壓意指比起在常壓下,會提前氣化(< 100℃)。這套造水系統先在蒸發器(evaporator)當中,加熱低溫海水使其蒸發,接著將水氣冷凝(condense)結成蒸餾水(distilled water),同時將水中原有鹽分脫離、排除。蒸發室所用熱源可能為:

• 主機氣缸套排出之高溫冷卻水,

• 輔機排氣,及

• 低壓透平機抽出蒸汽。

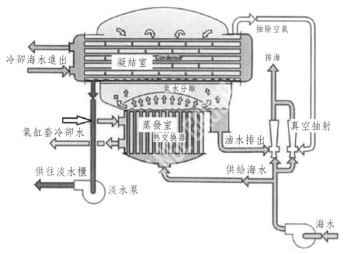

圖 4-33　船上的低壓蒸發造水機

　　造水機的發展改進有脈絡可循。其最初是在常壓下，以蒸汽對浸在海水中的加熱管加熱蒸餾——熱傳導（conduction）加熱。後來在蒸發器內，降壓至眞空（550 至 700 mmHg、40 至 65℃），進行蒸發。接著進一步改進蒸餾過程，例如瞬間蒸餾（flash，閃化）、多級、板式等，以提升效果。

急驟氣化式

　　給水（feed water）在蒸發器內，若遇到驟降的壓力，則會過熱（super-heated）進而氣化，可幾乎跳過熱傳導（heat conduction）過程。因此，爲達此目的，可預先將給水在給水加熱器內，加熱到相當於氣化室內壓力下的飽和溫度（46℃）以上，再噴入氣化室。由於氣化室內保有 90% 的眞空度，噴入的水乃得以瞬間氣化，有如驟餾，或稱爲閃化。

　　除前述蒸發造水之外，也可能是用水需求與能源供應等情況，藉由超細過濾（ultra-filtering），即逆滲透（reverse osmosis, RO）原理生產淡水。郵輪上，基於提供大量、優質人員用水的需求，往往會搭配採用前述兩種造水技術。

十一、甲板機械

　　顧名思義，甲板機械（deck machineries）大致皆位於甲板上，包括：
- 錨機（anchor windlass）
- 舵機（steering gear）
- 捲揚機、絞車（windlass）
- 絞纜機（mooring winches）
- 艙蓋開啓機（hatch cover openers）
- 舷梯與馬達（gangways and motors）
- 貨泵（cargo pumps）
- 船笛／號（whistle/horn）
- 救生艇與安全設備捲揚機（lifeboat winch, safety equipment drives）
- 升降機（elevator）

　　圖 4-34 所示，爲位於船艏（bow）的錨機、絞纜機等。圖 4-35 所示，則爲甲板上的裝卸貨吊車（cargo cranes）及救生設備（Life Saving Appliance, LSA）吊車（davits）等起重設備（lifting appliances）。

圖 4-34　位於船艏的錨機、絞纜機等

圖 4-35　貨物吊車（左圖）及救生設備（右圖）吊車

舵機

　　一般舵機（steering gear）屬電動液壓，但亦有純電動者。如圖 4-36 所示的舵機，在於將駕駛台操作舵輪（steering wheel）所傳出的信號，傳遞至船艉的舵（rudder），以操控船的方向。整個舵機系統包含三主要部分：動力單元、控制設備及傳遞至舵的系統。

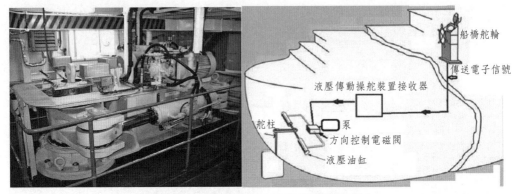

圖4-36　舵機作動系統與舵機房實景

十二、液壓系統

　　如圖4-37所示液壓系統（hydraulic system）當中的液壓馬達（hydraulic motor），藉由從液壓泵（hydraulic pump）送來的液體壓力能進行運轉。圖4-38所示，則為用來運作包括穩定器（stabilizer）及艏推進器（bow thruster）等系統在內的，整套中央油壓系統（centralized hydraulic system）。

1. 艏推進器

　　除了裝設在船艉的推進器，有些像是郵輪等特殊船舶，為提升自身的機動性，會在艏或艉部，裝設如圖4-39所示的側向推進器（thruster）。

2. 抗衡搖穩定器

　　有些像是郵輪等必須力求平穩的船舶，會在艉附近，裝設如圖4-40所示翼式（fin-type），或如圖4-41所示水櫃（damper tank）式，抗衡搖（anti-roll）穩定器。

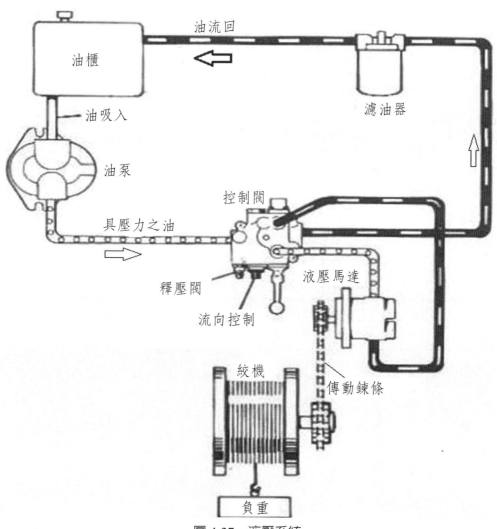

油流回

油櫃

濾油器

油吸入

油泵

控制閥

具壓力之油

釋壓閥

液壓馬達

流向控制

絞機

傳動鍊條

負重

圖 4-37　液壓系統

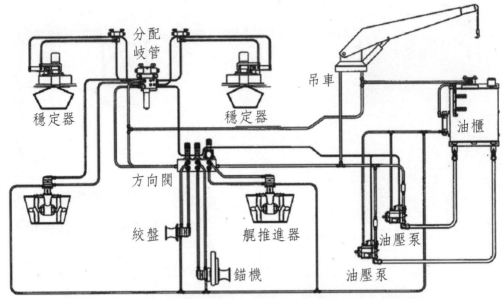

圖 4-38　用來運作包括穩定器及艉推進器等的中央油壓系統

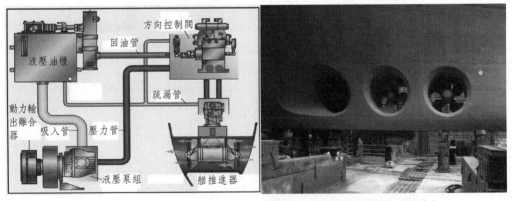

圖 4-39　側向推進器的作動系統（圖左）和乾塢內實景（圖右）

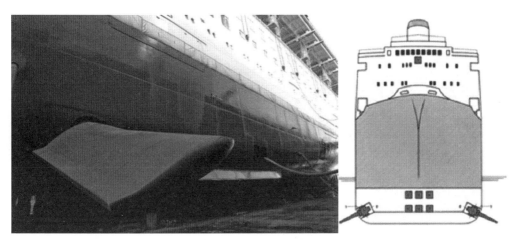

圖 4-40　翼式穩定器

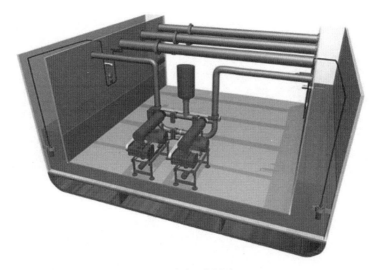

圖 4-41　水櫃式穩定器

3. 電動甲板機械

當今甲板機械大多改採電動，其主要理由包括：

· 嚴峻環境，−40 至 +50℃、高濕度、高鹽度且變動頻仍。

· 船舶橫搖、震動及拍打海面，以及動力過負荷（dynamic overload）。

‧ 在有負荷情況下啓動頻繁。

‧ 避免油汙染。

　　如此，藉著定期維護與替換耗損零件，電動設備可用上 15 至 20 年，而且藉著採用新結構材料及研究改進後的控制系統，可靠度（reliability）已大幅提升。

十三、消防系統與設備

　　萬一船在海上發生火警（如圖 4-42），必須自力滅火。因此船上的消防系統與設備（firefighting system and equipment），以及人員的訓練極為重要。

圖 4-42　在海上失火的貨櫃輪

1. 消防系統

　　圖 4-43 所示，為一般貨船機艙內所配置的消防系統。根據相關法規，所有總噸數逾 1,000 的貨輪都需具備兩部，能獨立驅動的消防泵。此外，一般消防系統配備還包括：

- 自動灑水系統（Automatic sprinkler system）：受保護空間皆配備灑水頭網絡（如圖 4-44）。各灑水頭一般皆以一當中充有具高膨脹率液體的玻璃球（quartzoid bulb），使系統在平時保持關閉狀態。
- 低壓二氧化碳（CO_2）：包含有些裝置和 CO_2 儲存在低壓冷凍櫃內。
- 海龍系統（Halon system）：機艙內常配備的滅火劑噴灑系統，當中的 Halon 1301 化學式為 CF_3Br，即三氟溴甲烷（bromo-trifluoromethane）。

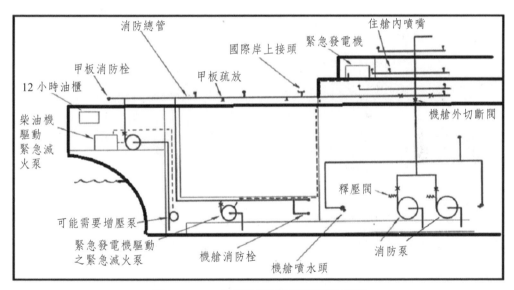

圖 4-43　一般貨船機艙內的消防系統

圖 4-44　自動灑水滅火系統

2. 火災偵知

　　消防重在起火（煙）之始，即得以偵知，接著撲滅。因此，船上許多艙間，尤其是無人當值機艙（man-zero engineroom）內，有各種用來偵火的裝置（fire detectors），分別用來偵測不同的起火情況。例如依賴離子化（ionizing）的偵煙器（smoke detectors）可用來偵測燃燒產物，但卻不能感測火焰或熱產生的輻射。

3. 二氧化碳系統

　　如圖 4-45 所示，爲船上常見的機艙二氧化碳系統（CO_2 system）。其藉著先導 CO_2 氣瓶，開啓輸配系統的主停止閥（main stop valve），接著開啓各個 CO_2 氣瓶上的閥。

圖 4-45　二氧化碳系統

習題

1. 試解釋什麼是輔機，並列舉一般船上所配置的輔機有哪些。

2. 列述壓縮空氣系統當中，不可或缺的安全裝置。

3. 試述船上冷凍循環系統當中的四大部件，並摘要列述整過程。

4. 試繪冷凍循環簡圖，並藉以說明冷凍循環。

5. 試敘述確保室內空氣品質，需要落實的空調要素。

6. 試述在船上處理燃油的重要性。

7. 試述船上如何在使用燃油前，藉由哪些原理與方法，對其進行處理。

8. 試列出七項船上的甲板機械。

第五章

船電

一、電力系統

　　一艘船猶如海上移動的城市，必須自力供應船舶運轉及人員生活需求所需要用到的電力。圖 5-1 所示，為船上電力系統，包括圖左的主電力系統，和圖右的緊急電力系統，以連鎖斷電器連接。其中三部主發電機（GEN1, GEN2, GEN3）和緊急發電機的組成，將產生的電，經由主配電盤，輸配到船上各個用電戶。

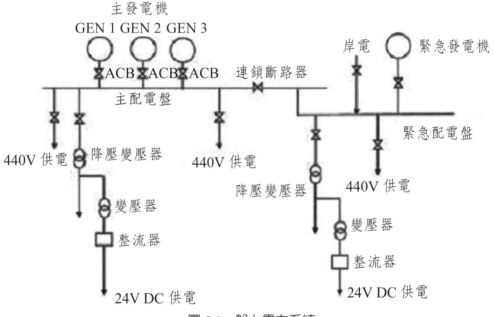

圖 5-1　船上電力系統

1. 發電

　　船上的電力源自於，一部原動機驅動一部交流發電機（alternator），如圖 5-2 所示。該發電機的基本原理，簡言之，為當導體周遭的磁場持續改變，該導體便會產生電流。

圖 5-2　船上柴油發電機之一實景

2. 發電機組成

　　交流發電機將機械能轉換成電能。在一部發電機當中,纏繞線圈
(coil)的鐵心(iron core)稱爲定子(stator),加上在定子當中旋轉的磁
鐵,稱爲轉子(rotor)。此轉動導體切割磁場(magnetic field),產生電
磁力(electro-magnetic force, EMF),或稱爲電動勢(voltage)。此磁場
由一藉直流電通過滑環(slip rings)和碳刷(brushes)的感應(induction)
而產生。

　　相同尺寸下,三相交流電(AC, 3 phase power)比直流電(DC),能
提供更大電力,而更適用於船上。另一三相優於單相(single phase)的理
由,在於當其中一相失效時,其餘兩相仍可運作。

3. 配電盤

在船上須仰賴配電系統（power distribution system），將電力安全且有效率的，配送到船上個部位。其包含以下不同部件：

• 發電機：包括原動機和交流發電機，以及主配電盤（或控制盤，main switch board）。

• 匯流排（bus bars）：用以將負載從一點傳到另一點。

• 變壓器（transformers）：用以提升或降低電壓。例如供電給照明系統，採用降壓變壓器。配電系統當中的電壓一般為 440 V，但也有大型設置達 6,600 V。

• 斷路器（circuit breaker）：供電到高壓大型輔機的開關。在不安全情況下會跳脫（trip），以避免斷電和事故。小型電器則採用保險絲（fuse）或小型斷路器（miniature circuit breakers）。

圖 5-3 所示配電系統為三線（three wires），可採不接地中線絕緣（neu-

圖 5-3　船上配電系統

trally insulated）或是接地（earthed）。絕緣系統優於接地系統，因為萬一接地失效，舵機等重要機器，也會跟著失效。

4. 發電機檢修

以下為發電機的一般檢修工作：

- 檢查全船電力負載，確認供電的發電機是在最佳範圍內運轉，並確認其過給氣機以高 RPM 供給空氣，使達高效率燃燒。
- 檢查過給氣機鼓風機的濾網是否乾淨，以確保供入足夠空氣。
- 確保過給氣機葉片與噴嘴皆乾淨且完好。
- 確定搖臂挺桿間隙（tappet clearances）皆為準確，以避免進氣量不足。
- 確定發電機艙間內對某發電機的鼓風充足。
- 確認所有單元的溫度皆為正常。
- 若所有單元溫度皆不正常，則需檢查燃油泵、燃油黏度及正時等噴燃系統。
- 檢查發電機引擎的性能，確保熱能與電力之間維持平衡。

5. 緊急電力

一旦主發電系統失效，備便中的緊急電力系統（emergency power system）隨即接上，以使重要機器與系統，仍得以持續運轉該船。船上的緊急電力可由電池（batteries）或緊急發電機（emergency generator），或是採用兩者一起供電。此緊急電力應預先設定，供電給船上例如以下重要系統的優先次序：

(1)舵機系統（steering gear system）

(2)緊急艙底水泵（emergency bilge pump）與滅火泵（fire pump）

(3)水密門（watertight doors）

(4)滅火系統（fire fighting system）

(5)航行燈（navigation lights）與緊急照明（emergency lights）

(6)通信（communication）與警報系統（alarm system）

緊急發電機一般都設置在船上機艙以外的空間內。這麼做，最主要是

避免在緊急情況下，人員無從進入機艙。因此，緊急發電機間內有一控制盤，由此供電至各重要機器。

二、高壓電系統

隨著航運業追求更大的船舶，以獲取更大利潤的趨勢，船上的引擎和機器的出力也趨於更大（more powerful）。如此一來，船上的電力需求隨之提升，船上電壓，亦然。

船上電壓若低於 1 kV（1,000 V），則稱為低壓（low voltage, LV）系統，高於 1 kV 的則稱為高壓（high voltage, HV）系統。圖 5-4 所示，為船上所配置用來輸送高壓電的纜線。

圖 5-4　船上所配置高壓電纜線

一般船上運轉的 HV 系統為 3.3 kV 或 6.6 kV。電力需求大得多的大型郵輪，則以 10 kV 以上運轉。

為何傾向高電壓系統？

例如假設某船從四部柴油發電機總共發電 8 MW，440 V，每部 2 MW，0.8 功率因子（power factors），則每部發電機饋入電纜和斷電器的滿載電流（full-load current）則可計算為：

$$I = 2 * 10^6/(\sqrt{3} * 440 * 0.8)$$

亦即

I = 3280.4 Amps，大約為 3,300 Amps

各饋電電纜的斷電器等保護裝置，應定額在大約 90 kA。以下計算，當發出的電壓為 6,600 V 時的電流：

$$I = 2 * 10^6/(\sqrt{3} * 6600 * 0.8)$$

I = 218.69 Amps，約為 220 Amps。因此保護裝置可定額在 9 k Amps。

同時，電力損失 = $I^2 * r$

其中 I 為導線中攜帶的電流。R 為導線的電阻。

因此，若供應的電壓為 440 V，則導線所攜帶的電流為 0.002 P，而假使電壓升高到 6,600 V，則相同電功率下，導線所攜帶的電流為 $(1.515 *(10^4))* P$

由此可看出，若將電壓提升一級，電力損失可大幅降低。而也因此，以較高電壓來傳送電力，往往會較有效率。此外，電力損失也可藉著降低導線的電阻（r = ρ * l/a），得到減輕。

換言之，藉著增大導線斷面的截面積（及直徑），可降低導線的電阻和電力損失。但如此一來，電纜和用以支持其重量的成本，將大幅增加。因此，在電力輸配和使用上，往往不採此對策，以減輕電力損失。

此外，若設計成以 6,600 V（而非 440 V）運轉，馬達（例如艉推進器的），也可跟著縮小尺寸。而這些，正是近期船舶傾向高電壓系統的主要理由。

三、岸電、冷熨

船在靠泊期間採用替代船用電力（alternative maritime power, AMP），主要在於防止空氣汙染。其在於藉由岸上電力，取代船上柴油發電機供電，以降低空汙排放。在靠港期間採用 AMP，船上的柴油發電便可不需運轉，稱為冷熨（cold ironing），如圖 5-5 所示。

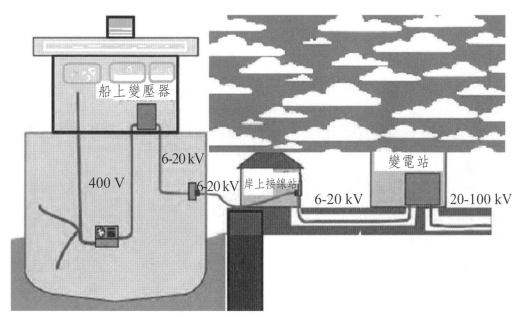

圖 5-5　船舶靠港冷熨示意

AMP 部件

AMP 系統的主要部件包括：電纜捲（cable reel）、電纜捲控制中心（reel control center）、安培連接盒（AMP connection box）、6,600 V 岸際配電盤（6,600 V shore panel）、變壓器（transformer）及主配電盤（main switch board）。以下摘要敘述這些部件。

電纜捲（cable reel）：裝在船上的纜捲，在於提供船靠港時，連接船上到岸基電源的電纜。該電纜扮演電力與光纖通信（fiber optic communication）通道的角色。

　　電纜接妥之後，纜捲會每隔幾秒即自動捲收，以避免因為船移動或風吹等造成的電纜鬆弛（slack）。該纜捲會藉由接在船殼上的接地螺栓（grounding bolt）接地。

　　纜捲控制中心和吊架懸掛物（pendant）：纜捲控制中心將所需要的開關裝置整合在一起，以控制纜捲的運轉。

　　AMP 連接盒：AMP 連接盒為岸上電纜連接到纜捲之處，船左、右舷各一。除了在維修時，其插頭會保持連接著。

　　6,600 V 岸際配電盤：其為從岸上接受電力的一套開關。該設備當中，有一搭配高壓電的真空斷電器（vacuum circuit breaker, VCB）和一套接地開關（earthing switch, ES），加上一組保護繼電器（protection relay）。

　　變壓器：使用 AMP 系統時，岸上的電力會從高壓轉換成低壓，再供應到主配電盤（main switchboard, MSB）。

　　主配電盤：主配電盤當中的 AMP 盤，可藉由自動或手動控制，和岸電同步而不會導致斷電狀況。

　　AMP 所提供的電力，主要用於船上的照明、冷凍、空調等設備。從岸上供至船上的電力，可以來自港市的電網（grid power），或是與電網分開的，包括風力、太陽能等再生能源（renewable energy）的獨立電力系統（independent power system）。如此一來，不僅有助於保護環境和人員健康，且可減輕船上燃料消耗和相關機器設備的耗損。

【輪機小方塊】

國際港接岸電要求

　　由於注意到源自船舶對人體健康與環境所造成危害的國家越來越多，許多港口都初步採取具體措施，以減輕這類汙染。例如靠泊美國洛杉磯港（Los Angeles Port）的船，被要求停止引擎怠速運轉，並將電力來源接到岸基（如圖 5-6 所示）。如此一來，船上關掉了發電機，同時顯著減輕了噪音與空氣汙染。

圖 5-6 船靠港街岸電實景

目前從港供應到船上的 AMP 有以下四種：

- 11,000 Volts AC，
- 6,600 Volts AC，
- 660 Volts AC，及
- 440 Volts AC。

四、額外電力來源

1. 緊急發電機

維持船上電力，是航行中最重要的一件事。然而，實際上仍可能因為機器故障等緣故，導致電力中斷事故。在此情況下，一些像是救生艇、航行燈等緊急設備，必須仍維持可運轉狀態，以備不時之需。

因此，萬一斷電（blackout），必須要自動提供替代電力來源，提供給負載使用。這些替代電源可能來自電瓶或緊急發電機（如圖 5-7 所示）。而畢竟電瓶僅能滿足短時間內所需，因此緊急發電機仍不可或缺。

圖 5-7　船上緊急發電機實景

　　根據 SOLAS 公約的規定，應急電力設備必須在斷電後 45 秒內，供電給負載。一旦發生斷電，通常緊急發電機會由一台小馬達驅動發電機，使其啓動。此馬達的電力，則來自由緊急配電盤持續充電的電瓶。

　　此外，假使基於任何理由相關設備或緊急發電機無法啓動時，仍應有另外的替代方法，或是靠手動使之啓動。在船上每周（一般是每周六），須讓緊急發電機試運轉 10 至 15 分鐘。最常用來啓動緊急發電機的方法之一爲液壓啓動（hydraulic starting）。其他啓動選項包括：

- 啓動空氣（starting air），
- 慣性啓動器（inertia starter），及
- 手搖盤俥（hand cranking）。

2. 液壓啓動

　　用來啓動緊急發電機的液壓系統的工作原理，包括液壓和氣壓（hydraulic and pneumatic）原理。於此，先將能量儲存起來，接著釋放、供應，用以啓動引擎。依此，系統當中的主要部件有：

- 供應櫃（feed tank）與手搖泵（hand pump）── 供應櫃在於提供液壓油，
  以手搖泵送到用來啟動引擎的蓄積器（accumulator）。
- 液壓蓄積器 ── 此為系統當中最重要的部件。其儲存能量，為系統核
  心。其包含防漏氣缸，內有一滑動活塞。在此活塞上，氣缸內預先充足將
  近 200 bars 的氮氣。接著將油壓入該蓄積器內，以一定壓力與活塞抗衡。

3. 軸發電機

　　能源效率為當今海運界的最重要議題。提升能源效率，不僅在於降低營
運成本，其等同於較低排放，而更符合全球環境立法趨勢。船上的軸發電機
為能量回收系統的最佳實例之一。其不僅在於充分利用引擎的多餘能量，並
能對推進器軸額外作功。

　　過去幾十年來，如圖 5-8 所示的軸發電系統（shaft generation system）
已成為船東與船舶經營者，一方面在劇烈的競爭當中追求利潤，同時顧及環
境的利器。

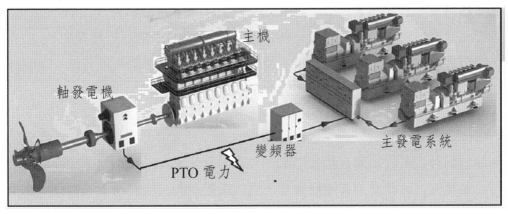

圖 5-8　軸發電系統示意

　　船上的軸發電機（shaft generator）以主機驅動，將產生的電力供應
到船上。其重點在於，當船在例如惡劣海況下航行，主機轉速須持續變動
時，仍能提供固定電壓與頻率的電力。

　　固定節距（fixed pitch）螺槳的船，其船速藉由螺槳轉速設定。至於採

用可調節距螺槳（controllable pitch propellers）的船，其推進器軸轉速與螺槳節距會一起調整，以達最佳推進效率。而無論採用何種螺槳，藉著採用具有隨著速度變動的變頻器（frequency converter）的軸發電機，皆可帶來較經濟的運行。

　　正因為諸多優點，愈來愈多船舶都在船上配備了軸發電機。以下為其關鍵益處：

- 降低燃料消耗與成本；
- 降低碳等大氣排放；
- 降低保養成本；
- 降低與發電相關的噪音；以及
- 依系統電力大小不同，效益回收期在 2 至 4 年之間。

　　船上軸發電機的運轉應完全符合以下所有要求：

- 在嚴峻海況和操車情況下，主機轉速持續變動期間，運轉仍不受限制。
- 和柴油發電機組持續一道並連運轉。
- 發出所需有效與無效功率（active and reactive power）。
- 短路選擇性跳脫（selective tripping）而不致造成整體系統斷電。
- 用電大戶的啟動與停止，並不致構成不可接受的電壓與頻率波動（voltage and frequency fluctuations）。
- 其包括同步化（synchronization）在內的運轉控制，和柴油發電機組的相同。
- 和自動發電系統的整合相當簡單。

　　軸發電機系統當中具備變頻器，用以在變動的主機轉速下，供應一定電壓與頻率的三相電流。如圖 5-9 所示，軸發電機裝設在低速主機與推進器之間，相同軸上。

　　軸發電機經由一電力輸出裝置（power take-off, PTO）運轉。此 PTO 配置在主機與推進器之間，當中有一減速齒輪。由於其相當簡單，且有別於其它配置，並無扭轉震動（torsional vibration）等相關問題，所需保養工作極少。

圖 5-9　軸發電機實景

4. 蒸汽渦輪發電機

　　由於蒸汽渦輪發電機（steam turbine generator）不需要額外消耗燃料，利用鍋爐產生的蒸汽，可驅動渦輪機經過減速齒輪減速後，轉動螺槳，推進船舶。同樣的，高壓蒸汽也可驅動渦輪機，帶動發電機發電。因此，蒸汽渦輪發電系統主要包括以下部件。

- 渦輪原動機：在相同軸上帶動交流發電機的轉子。
- 交流發電機：將渦輪機傳來的轉動力轉換成電力，供至主配電盤。
- 蒸汽控制調速器（steam control governor）：透過控制渦輪機的進汽量，用以控制渦輪發電機的轉速。
- 蒸汽控制閥（steam control valve）：藉著控制源自產汽系統的蒸汽流量，控制流路上的蒸汽壓力。
- 冷凝泵（condensate pump）：將使用過、冷凝後的水，泵送回到串列水櫃（cascade tank）。

• 眞空泵（vacuum pump）：用以維持渦輪機殼內部的眞空度。

五、電力系統的運轉

　　船上機艙安裝的電力管理系統（Power Management System, PMS）在於確保包括輔助發電機、渦輪發電機及軸發電機在內的發電機的安全與運轉。

1. 發電機啓／停步驟

(1) 自動啓動

• 只在有充足啓動空氣的情形下，才可採用此發起動發電機。此時，發電機依負荷所需自動啓動。
• 然而，在操車期間，則需由人員透過電腦控制的 PMS 進行啓動。
• 在 PMS 當中，其自動啓動是遵循著啓動、搭配新進發電機的電壓與頻率以及接上負載發電機的順序進行。
• 若是在斷電或是死船（dead ship）的情況下，則可能會需要由操作人員改以手動啓動。

(2) 手動啓動

　　手動啓動發電機一般在有人機艙進行。其與前述自動啓動完全不同，須遵循以下步驟：

• 首先確認所有該開啓的閥皆爲開啓，且發電機上皆無連鎖（interlock）。
• 一般在啓動發電機之前，示功旋塞（indicator cocks）需開啓，並以啓動桿略供空氣，接著將桿拉回到零的位置。如此在於確認引擎內沒有漏水。此漏水可能源自於氣缸頭、缸套或是過給氣機。
• 此時將控制桿扳至現場（local）位置，以備在現場啓動發電機。
• 若發現任何漏水情形，應向大管輪或輪機長報告，以備採取進一步行動。
• 需注意的是，在設有灑水滅火系統的機艙內，由於來自氣缸頭的少量煙霧，可能引發誤觸警報，乃至對某些特定範圍內灑水，因此不宜採此步驟。

- 繼此漏水檢查之後，即關閉示功旋塞，接著從現場配電盤啓動發電機。
- 接著，讓發電機在無負載狀態下運轉約 5 分鐘，然後將發電機改爲遙控模式（remote mode）。
- 此時船上的自動系統，會接著在確認電壓與頻率等參數之後，將發電機掛上負載。
- 假設未自動接上，則須至控制室內配電盤。檢查新進發電機的電壓與頻率等參數。
- 該頻率可在配電盤上，以手調增、減取得同步。
- 配電盤上的同步檢定器（synchroscope）指針若爲順時鐘旋轉，表示太快，反之爲太慢。
- 當指針順時鐘轉得很慢，來到 11 點位置時，即按下斷路器（breaker）。
- 缺乏經驗的人員，須在颶風負經驗者監督下爲之。以免操作不當，造成斷電，甚至當船在受限位置時，可導致事故。
- 若一切順利，接下來並聯運轉的幾部發電機，即可分擔相同負載。

2. 停止發電機運轉

(1) 自動程序

- 在此程序當中，發電機進入 PMS 系統的電腦內，按下按鈕即可停止發電機運轉。
- 此只有當有兩部以上發電機同時運轉的情形下，才可進行。
- 而在只有一部發電機運轉的情形下，由於其中內建的安全裝置，其並不會停止運轉。此安全裝置在於防止斷電發生。
- 按下停止按鈕時，負載藉由 PMS 逐漸降下，接著依序停止發電機運轉。

(2) 手動停止程序

- 首先藉由控制室內配電盤上的控制桿逐漸卸除負載。
- 當此負載減至 100 kW 以下時，按下按鈕讓發電機卸除負載。
- 接著讓發電機在怠速（idle）情況下運轉約 5 分鐘，隨即按下配電盤上的 STOP 按鈕，以停止發電機運轉。

六、電力驅動船

為追求淨零排放（net-zero emission），以相對於燃油等化石燃料（fossil fuels）較「綠」的替代燃料（alternative fuels）驅動船舶，已成為世界趨勢。電力驅動（電驅）船除了可帶來環境與運轉上的效益，並可節省勞力。

維持電驅船所需要的維修人力相當少。而隨著勞力趨於高齡，這項因素自然更趨重要。惟考慮在船上引進電驅之前，仍須充分顧及安全性、成本、配置及電池生命周期等議題的挑戰。

當今電驅船大多採如圖 5-10 所示動力配置。其以發電系統供電至電動機（推進馬達），進而驅動推進器。至於目前船上裝設的電池，大致僅為備用，或是作為在人口密集處附近的短程航行所需。迄今，電池仍不適合提供作為長航程所需，大多僅限於用在渡輪、拖船及研究船等小型特殊船上。

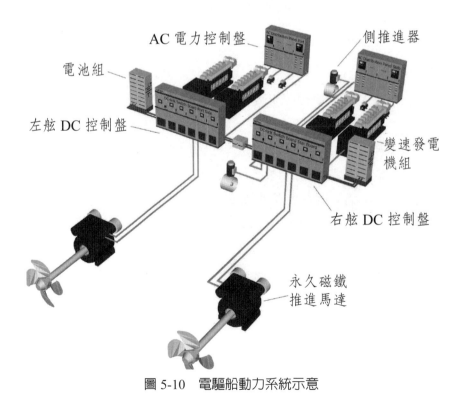

圖 5-10　電驅船動力系統示意

【輪機小方塊】

電驅船事故

2022 年底發生電力驅動的「新海研一號」在海上失去動力，經過五、六天飄盪，最終平安被拖回高雄，可謂嚴重警訊。船在海上失去電力與動力，可導致等嚴重悲劇，尤其是在海況惡劣或身處繁忙水域與淺水附近的情況。

一旦船上失去電力，會導致與船舶推進系統有關的泵等輔機停止運轉，以致整艘船失去動力。也因此，船上經常進行演練，對於遇上真實情況，能立即採取正確的應變以化險為夷，極有幫助。

當一艘船遇上失去電力的狀況，當職輪機員務必保持鎮定，並向駕駛台和輪機長報告。駕駛台當值船副，會接著向船長報告，遵循緊急應變程序，持續操控，並採取避免危險的必要動作。

電驅船斷電應變

船上一旦因為發電系統失效發生斷電，主推進系統和相關輔機，也都會停止運轉。而在正常情形下，藉著自動化等技術所提供的負載自動分擔系統（auto loading sharing system），以及備便發電機自動啟動、並聯的自動備便系統（auto standby system），可避免這類斷電情形，及後續嚴重後果。

萬一發生斷電，須採取以下行動：

- 在此突然漆黑一片的情況下，須沉著冷靜，切莫慌張。照說，緊急發電機會在極短時間內幫忙復電。
- 通報駕駛台當值船副。
- 尋求幫手，並通知輪機長。
- 若主推進系統仍能運轉，將油門降至零的位置。
- 停止淨油機運轉，以免發生滿溢。
- 若輔鍋爐正處運轉當中，則應關閉主蒸汽停止閥，以維持蒸汽壓力。
- 找出斷電問題來源，修正之。

- 在重新啟動發電機之前，先啟動預潤滑泵，必要時以手動潤滑。
- 啟動發電機，並加上負載。緊接著啟動主機潤滑油泵與缸套水泵。
- 復歸斷電器，並啟動所有其餘必要的機器與系統。復歸原本依優先次序跳脫的斷電器（相對不重要的機器）。

　　由以上可知，要能對航行或動俥過程中的斷電狀況應變得宜，避免狀況惡化，除人員須熟悉相關技能外，並須保持沉著、冷靜。此除了須在平時，即熟悉機艙系統與緊急發電機等各機器外，尚須仰賴提前擬定情境，進行實際演練。

七、管輪必須知道的船電

　　現今許多船公司已不在船上配置電機師（electrical officers），而由管輪負責與電有關的事情。以下為幾件管輪特別需要熟悉的船電：

- 各種儀器的操作：任何電器的操作與維護工作，都需藉助各種電氣儀器與工作方能進行，包括萬用電表（multimeter）、兆歐表（megger）、鉤表（clamp meter）等。身為管輪，必須知道所有這些儀器與工具的操作程序與步驟，並瞭解如何解讀顯示數值。
- 起動盤例行工作（starter panel routine）：各個電氣系統的啟動盤的接點都需要對因為火花、髒汙累積等造成的汙損，進行保養維護，屬計畫保養系統一部分。管輪必須充分了解其程序，並在進行之前，採取一切該有的安全措施。
- 絕緣電阻（insulation resistance）：電氣系統內的所有電線電纜（wires and cables），皆有絕緣包覆（insulation sheath），可在歷經一段時間後損壞。當絕緣值低下時，可導致短路（short circuit）、接地故障（earth fault）及設備受損。因此，身為管輪須熟悉如何養護電線、電纜的絕緣。
- 找出接地故障：電氣系統當中最常見的問題便屬接地故障。尋找接地故障及費工夫，必須發揮最大耐性。而身為管輪，也就必須了解如何找出接地故障的方法和儀器的使用。

- 馬達翻修（motor overhauling）：船上極多電動馬達。這些馬達被用來驅動諸如泵、通風、淨油機等各種機械系統。船上根據計畫保養系統和故障情形，對這些馬達進行維修。而管輪須對包括要求的安全程序等馬達翻修程序充分了解。

- 匯流排翻修：此項任務一般都在乾塢內進行。船上的匯流排在於將發電機發出的電配送出去。身為管輪，必須知道在正常航行中或進塢時，如何隔離匯流排並進行養護的程序。

- 船上電瓶充電（battery charging）：船上的電瓶主要用作緊急備用電力，或是救生艇等緊急救生裝置的運轉。這些電瓶的充電和保養，需定期為之，管輪須充分了解其過程。

- 調整絞纜機（mooring winch）的負荷感測器（load sensor）：絞纜機為船舶用以靠岸繫泊的重要機器。而加在纜繩上的負荷力道，需藉由一負荷感測器加以限制。一旦超限，該感測器會讓絞纜機跳脫（trip），以保護纜繩、機器及人員。身為管輪，須熟悉調整該感測器的程序。

- 接岸電（shore connection）或替代船上電力：過去只有在進塢才會用上的接岸電，為綠海運（green shipping）趨勢的重要環節。當今已有許多國際港，尤其對郵輪，都有此要求和相關設施。由於岸電的參數，例如電壓、頻率等，和船上的不盡相同，管輪須了解如何正確使用變壓器或轉頻器將岸電供至船上。

- 引擎自動化（engine automation）：在養護過程中為確保船上整體安全，引擎自動化極為重要。主機和發電機，都配有許多自動化、警報及跳脫功能。身為管輪須在上船幾天內，即了解這些自動化系統，並能針對相關問題，進行診斷（troubleshooting）。

習題

1. 試繪簡圖，並藉以扼要說明船上的電力系統。
2. 試依照優先次序列出，船上的緊急電力，所供應的重要系統。

3. 試解釋什麼是 AMP，以及船上採用 AMP 的主要理由。

4. 試解釋什麼是軸發電機，以及船上裝設軸發電機的最主要理由。

第六章

船用鍋爐

一、蒸汽供應系統

圖 6-1 所示，為一般柴油主機商船上的蒸汽供應系統（steam supply system）。系統中的給水（feed water）藉油給水泵（feed water pump）泵送，經過給水加熱器（feed water heater）進入鍋爐（boiler），轉換成蒸汽提供作為加熱、清潔等各種用圖所需。用過的蒸汽再經過冷凝器（condenser）恢復成水，進入下個汽水循環。

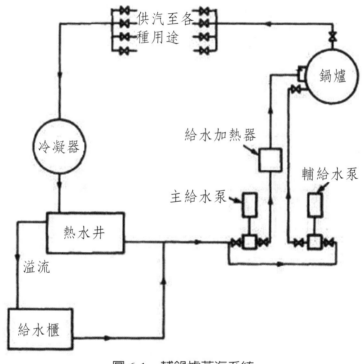

圖 6-1　輔鍋爐蒸汽系統

為能提升能源效率，船上的蒸汽系統可區分成以下幾個部分：
• 輔鍋爐（auxiliary boilers）。
• 排氣節熱器（exhaust gas economizers）。
• 蒸汽配送系統：包括蒸汽管路系統，以及控制蒸汽所用的相關儀表與裝置。

• 蒸汽使用：包括像是蒸汽加熱器、淡水製造機、蒸汽渦輪機等所有蒸汽用戶。

　　圖 6-2 所示爲一般商船上的蒸汽系統。其中的排氣節熱器，顧名思義，指的是不需要用到燃油，而是回收源自主機與輔引擎（auxiliary engines）廢熱的節能系統。這套系統用得愈多，相對的，使用需要燒油以產生蒸汽的輔鍋爐的需求，也就得以減少。

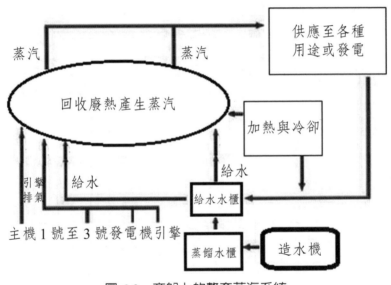

圖 6-2　商船上的整套蒸汽系統

　　用來產生蒸汽的鍋爐，亦稱爲蒸汽產生器。不同類型的商船上，會配備某種型式的鍋爐，以產生各種不同用途的蒸汽。

　　例如，以蒸汽作爲推進動力的船舶（汽機船），會配備至少一部大型水管鍋爐（watertube boiler），以產生溫度與壓力都極高的蒸汽。至於主機爲柴油引擎的船舶，一般都配備較小的火管鍋爐（firetube boiler），以提供船上用來加熱等各項服務的蒸汽。而在水管與火管這兩種基本類型的鍋爐當中，又分別有各種不同類型的設計。

　　所有鍋爐都有一組爐膛（furnace）或燃燒室（combustion chamber），

讓燃料在其中燃燒釋出能量。在此同時，供應到爐膛內的空氣，讓燃料得以持續燃燒。而在燃燒室與水之間的大片面積，則用以將燃燒產生的能量（熱）傳遞給水。

二、水管鍋爐

如圖 6-3 所示的水管鍋爐，水在管內流動，熱氣包圍在管外，結構較複雜，溫度、壓力及產汽量皆高得多。

水管鍋爐的汽水系統，主要包括汽鼓（steam drum）、水鼓（water drum）、集箱（headers）、產汽管牆（tube wall）和過熱器（super heater）等。至於其燃燒系統，則主要包括燃燒器（burner）、爐膛和煙道、空氣預熱器（air preheater）等。

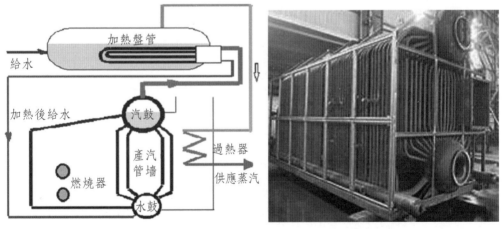

圖 6-3　水管鍋爐汽水循環系統示意（左）和實景（右）

三、火管鍋爐

如圖 6-4 所示的 Alfa Laval 火管鍋爐，熱氣在爐管內流通，水包圍在管外。產生的蒸汽，可收集在一位於水面上的筒狀汽鼓內。比起水管鍋爐，

其結構和操作都相對簡單，給水水質的要求也較不嚴苛。這類鍋爐還有煙管鍋爐（smoke tube）及輔（或副）鍋爐（donkey boiler）等稱呼。此外，當今與柴油引擎搭配的輔蒸汽系統（auxiliary steam system），一般都在煙囪底部，採用一套廢氣熱交換器以生產蒸汽，故亦稱為廢氣鍋爐（exhaust gas boiler）。

圖 6-4　Alfa Laval 火管鍋爐運轉示意和實景

四、船上蒸汽系統

　　商船上的蒸汽系統，一般都包含如前所述的輔鍋爐和如圖 6-5 所示的排氣節熱器（exhaust gas economizer）。其中輔鍋爐可生產飽和蒸汽（saturated steam）和過熱蒸汽（superheated steam）。船在航行時，其扮演排氣熱交換器（exhaust gas heat exchanger）的蒸汽收受器（steam receiver）。柴油引擎的排氣在其中循環，從汽鼓產汽。在靠港時，就需另外燒油產汽。

　　顧名思義，排氣節熱器即一廢熱回收系統（waste heat recovery system）。其可不必消耗燃料，而僅從主、輔引擎的排氣中回收熱，作為產生蒸汽的能源。

　　節熱器用得愈多，輔鍋爐也就能用得愈少。因此，為了盡可能在蒸汽系統當中節約能源，以求最高整體能源效率，保持排氣節熱器的保養與運

轉，應盡可能保持在最佳狀態。圖 6-5 所示，為一般柴油機船上的輔蒸汽系統。

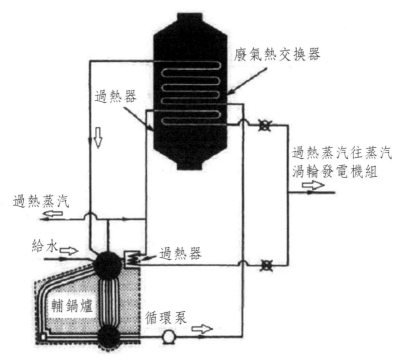

廢氣熱交換器

過熱器

過熱蒸汽往蒸汽
渦輪發電機組

過熱蒸汽

給水

過熱器

輔鍋爐

循環泵

圖 6-5　排氣節熱器

　　如圖 6-6 所示排氣熱交換器（exhaust gas heat exchanger），單純的只是讓用來產汽的給水（feedwater）在其中流通，排氣流過周遭的管群（tube banks），以加熱給水。這些管群可安排成，讓給水、產汽和過熱等過程充分整合，提供最佳效率。

圖 6-6　輔鍋爐排氣熱交換器

如圖 6-7 所示，為追求更高的整體能源效率，一般柴油機船上的蒸汽系統可分成以下部分：

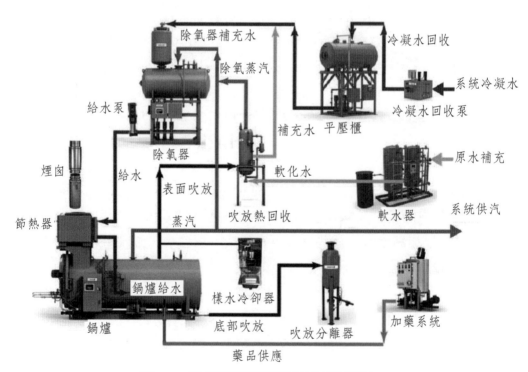

圖 6-7　追求高整體能源效率的產汽系統

- 輔鍋爐（如圖 6-8 所示）：在此使用燃料產生蒸汽。
- 排氣節熱器：在此藉由回收廢熱產生蒸汽。
- 蒸汽分配系統（steam distribution system）：此即蒸汽管路系統，包括用來控制蒸汽的相關儀器等裝置。
- 蒸汽最終使用（steam end-use）：此即蒸汽消耗系統，例如蒸汽渦輪機、淡水製造機、蒸汽加熱器等等。

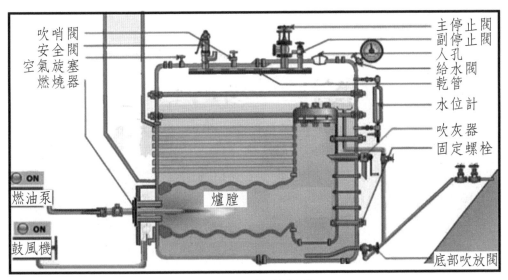

圖 6-8　輔鍋爐組成

1. 鍋爐給水

　　一般給水中都含有一些溶解的鹽分，在水沸騰時會從水中析出。這些鹽分，接著會附著在加熱表面上，阻礙熱傳，進而導致局部過熱，使爐管損毀。另有一些鹽分，則會留在水中，並產生酸性，對鍋爐的金屬構成腐蝕威脅。換言之，鍋爐給水中鹼鹽過高，會對鍋爐的運轉構成危害，必須加以預防。

2. 鍋爐燃燒控制

　　船用鍋爐大多仍燒劣質殘餾油（residual fuel oil）。這些油儲存在燃油

櫃內，藉由燃油輸送泵（transfer pump）送到沉澱櫃（settling tanks）。油中的水和雜質經過沉澱分離，疏放去除。

　　鍋爐的燃燒控制系統，在於讓燃燒的燃料和空氣量符合正確的配比。如此可確保在最低過剩空氣（excess air）下的完全燃燒（complete combustion），以及可容許的排氣。因此這套控制系統，必須能持續量測燃料與空氣的流率，以隨時調節其配比。

五、運轉安全事項

1. 產汽控制

　　鍋爐產汽所需主要裝置包括：
- 汽鼓：鍋爐的汽鼓在於收容產生的蒸汽，並將其中的汽與水進行分離。
- 安全閥：鍋爐等壓力容器都設有內含彈簧的安全閥（safety valve），通常都設有一對。此閥須具備在壓力上升超過至設定值 10% 之前，即將所有壓力釋出的功能。
- 水位計：水位計（water level gauge）在於提供可目測鍋爐內水位，以確保其維持在正確的工作範圍內。

　　較先進的高壓、高溫水管鍋爐，僅保持少量水以產生大量蒸汽。因此鼓內水位的控制，須相當謹慎。而由於鼓內的水與汽之間的作用相當複雜，因此正常且有效率的運轉，便須仰賴由一系列量測與作動元件組合而成的監控系統。

2. 防止煙灰燃燒

　　煙灰在鍋爐與節熱器內發生灰燃（soot fires），極為危險，有可能危及整艘船。輪機人員必須清楚了解其危險性和防範之道。

　　其通常是在輕負荷情況下，或是操車時無排氣旁通，因為柴油引擎燃燒重油產生的煙灰累積所致。這些沉積物當中，也可能含有過量的氣缸潤滑油，而很容易在，一旦引擎出力和排氣溫度增高時點燃。

因此必須仰賴使用吹灰器（soot blower），有效的維持爐管在相當乾淨的情形。尤其是在，慢速運轉或操車持續相當長時間之後，必須在出力提高之前，或是在引擎停機時，都必須進行吹灰。沒有煙灰沉積的熱交換器，便不會發生灰燃。

3. 運轉控管

所有鍋爐的控制、調節、警報及跳脫，皆須根據相關計畫保養系統（Planned Maintenance System, PMS）及廠商建議，進行定期測試。各測試皆須由執行的管輪記錄並且簽名。

另外亦須注意的是，在主機啓動前相當一段時間，就必須啓動爐水循環泵，且在停機後至少 2 至 3 小時，始可停止泵的運轉，以確保爐管得以妥適冷卻。

在主機運轉，排氣溫度超過 200℃，且循環泵未運轉歷經一段時間的情況下，應將主機減速讓進、出鍋爐的排氣溫度低於 100℃，始可啓動循環泵。若非如此，而在高溫下啓動排汽鍋爐的循環泵，可對爐管帶來嚴重後果。

除非是在緊急情況，讓排氣鍋爐在管內無循環的乾運轉（dry running），應該避免。若有必要乾運轉，則必須遵循一定的程序。

以下為鍋爐運轉過程中，其他必須注意的事項：

- 排氣鍋爐須時時保持循環。此在於維持爐管溫度，並防止管與鰭片（fins）的冷端（cold end）腐蝕。
- 每天須至少吹灰（soot-blow）三次。
- 若在某原因下，必須停止循環，則須在停爐之前進行吹灰。
- 很重要的一點是，在放慢車（slow steaming），或是主機運轉情況下所產生的排氣可能汙損火側表面時，須注意使用排氣旁通。
- 需監測通過火側的壓力差並使用排氣出口高溫警報。
- 若有除灰化學藥品，則應遵造廠商指示噴入。
- 當主機轉速從原本一段時間的放慢車增加上來時，需增加吹灰並慢慢增加

主機出力，同時監測節熱器的參數。

六、鍋爐效率

　　圖 6-9 所示，為某鍋爐運轉的大致熱平衡。一部鍋爐的主要任務，在於以最佳能源效率，產生該有的溫度與壓力的蒸汽。圖 6-10 所示，為一般鍋爐廠商會提供的能源效率特性曲線。從曲線可看出，鍋爐效率隨其負荷而改變。

　　一部運轉當中的鍋爐，其效率往往會比設計值低。為能讓一部鍋爐的能源效率維持在最高情況，便必須在幾個主要地方加強管理。

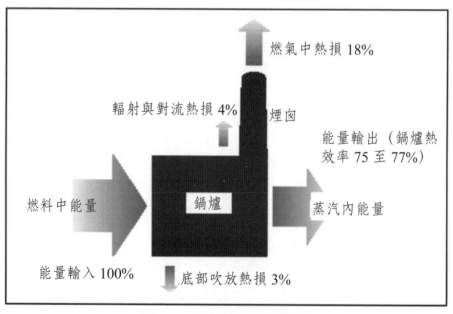

圖 6-9　鍋爐運轉熱平衡實例

鍋爐效率（%）

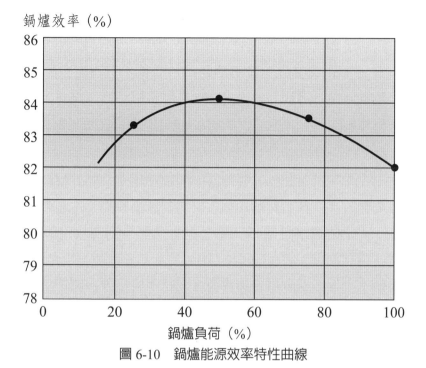

圖 6-10　鍋爐能源效率特性曲線

七、保養以提升效率

1. 熱傳表面汙損

　　前述最佳能源效率，指的是將燃料當中的能量，透過各種爐管與加熱表面，盡可能傳遞給爐水。而造成這類熱傳（heat transfer）減損的主要因子，包括在燃氣側（gas side）爐管與熱傳面的汙損（fouling），以及在水側（water side）爐管的汙損與結垢（scaling）。

　　這些能源效率減損的因子，可導致從燃氣傳遞出去的熱能減損，以及從鍋爐排出廢氣（exhaust gas）留住的熱升高。換言之，鍋爐排氣溫度偏高，即意味著其正處於汙損狀況。為彌補這類狀況，便必須採取一些保養措施，例如鍋爐吹灰（soot blowing）、除垢（de-scaling）、改善爐水水質及燃燒調整（以減輕煙灰形成）等。為達此目的，須隨時監測鍋爐熱傳面的情況。

鍋爐中灰的累積如同形成一片隔熱材料，會降低熱傳率（heat transfer rate），因此需定期吹灰。而水管中水垢的累積亦然。鍋爐的排煙溫度須持續監測，任何不正常溫升，皆可解讀為熱能利用有改進空間。繼清爐之後，一旦出現排氣溫升過高，便表示汙損以燃累積到一個程度，而必須盡速再次採取清爐行動。

2. 水洗

鍋爐藉由吹灰，可清除附在管群當中的沉積物。至於針對較嚴重的累積情形，便須仰賴水洗。藉由經驗和檢查，可判斷需要的水洗頻率，然一般要求，為運轉 500 小時或每個月，即進行一次水洗。其步驟如下：

- 鍋爐停機，待其冷卻。
- 最好使用淡水，但必要時可先初步海水洗過，緊接著再使用淡水。一般用水量在 15 至 20 噸之間。水洗過程，可採用溫和的中和藥劑，幫忙去除酸性煙灰沉積物。
- 若汙損相當嚴重，沉積物難以去除，便可能須在水洗之前，先直接在管面上使用化學清潔溶劑，浸一段時間。
- 最終清洗爐管，須以淡水徹底去除，先前所用的鹽水和化學清潔藥劑。
- 在開始水洗之前，須特別謹防疏漏的水，會流入過給氣機和主機內。
- 完成水洗時，須仔細檢查節熱器管，確保無殘留的煙灰沉積物。
- 須注意：水洗後若有殘留的濕煙灰沉積物，會提高灰燃，以及火花從煙囪排出的可能性。

3. 排氣節熱器效率

一般船舶在航行時，排氣節熱器所回收的能量和產生的蒸汽量，即足以滿足船上所需。換言之，有此節熱器，船在航行時，便不需要鍋爐點火。而改進效率之道，也就和鍋爐相同，在於避免其水側與火側的汙損。

為此，排氣節熱器的效率，可藉著頻繁吹灰（在海上每天至少一至兩次）達到提升的效果。記錄排氣溫度差異和壓力降，可了解節熱器的乾淨程度。而在大修期間，則可將水洗排入時程。

　　保養節熱器不僅可增進能源效率，且可降低整體保修成本，並降煙灰火災的低安全風險。偶而採用燃油添加劑，亦可望有助於節熱器的潔淨程度。

　　至於在船舶設計方面，應追求最大廢熱回收。以排氣節熱器而言，其煙囪溫度必須降到最低，但又需在高於露點的邊緣，以避免硫份造成的低溫腐蝕。一般燃油的煙囪溫度，最好維持在 165 至 195℃之間。

　　水溫是防止火側（gas side）形成凝水與酸的關鍵因素。當引擎的排氣從節熱器旁通時，須維持在 140℃以上。

習題

1. 試繪簡圖，並藉以扼要說明，柴油主機商船蒸汽系統的汽水循環。
2. 一艘柴油主機商船，為提升能源效率，蒸汽系統主要包含哪幾個部分？
3. 試解釋：(1) 水管鍋爐；(2) 火管鍋爐。
4. 試扼要敘述，防止煙灰在鍋爐與節熱器內發生灰燃（soot fires），應採取的措施。

第七章

燃料與潤滑油

　　船上使用燃料與潤滑劑所耗費的成本，在整體運轉成本當中，占相當大
比重。因此，船公司在這部分力求節約，不難理解。而船上油料的使用，又
對輪機運轉狀況，影響甚鉅。除此之外，「綠海運」與「永續海運」趨勢所
帶出的替代燃料相關技術與市場，使油料相關知識更趨複雜且重要。本章從
石油提煉（oil refining）說起，介紹各種油品（oil products），乃至輪機工
作所需具備的燃油與潤滑油相關知識。

一、石油提煉

　　提煉石油的文明，最早始於中國。北魏末期（512～518）地理學家酈
道元，在《水經注》當中介紹從油中提煉出各種潤滑劑。圖 7-1 為當今一般
煉油廠的一角實景。煉油廠內包括蒸餾（distillation）裝置、催化裝置（ca-
talysis device）、重組裝置（reformer）、加氫裂化裝置（hydrocracker）等。

圖 7-1　煉油廠一角實景

　　圖 7-2 所示，為原油進行常壓蒸餾（atmospheric distillation）的流程簡化示意。在蒸餾系統當中，蒸餾塔（distillation tower）為一重要塔型裝置，主要作用是將經過預熱（preheated）並脫鹽（desalted）的原油（crude oil），利用沸點（boiling point, BP）的差異，將油中各成分進行分離。

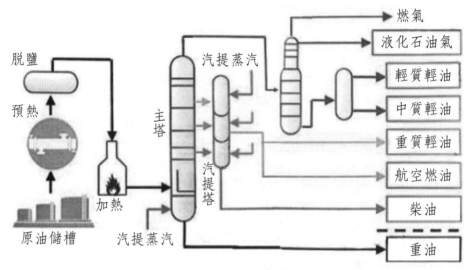

圖 7-2　原油常壓蒸餾流程

　　未經提煉的石油（petroleum oil）稱為「原油」（crude oil），含有各種不同碳數的碳氫化合物（簡稱烴）。原油先脫去鹽分後，經加熱爐升溫至 320 至 340℃，送入分餾塔（fractionating column），透過分餾（fractional distillation）分出不同沸點的諸如汽油（gasoline）、煤油（kerosene）、柴油（diesel）、常壓氣油（gas oil）、殘渣油（重油）（residual oil, heavy oil）等油品。

　　從原油分餾塔底部取出的帶酸性殘渣油，有三種用途：
・直接作為燃料油（residual fuel oil, RFO 或 HFO）。
・送至殘渣油加氫脫硫廠，分出低硫燃油與硫化合物。
・經真空蒸餾廠蒸餾，產出沸點較低的真空氣油（vacuum gas oil）與沸點較高的真空殘渣油（vacuum residuum）。

其中，眞空氣油可接著經潤滑油廠、潤滑油摻配廠產出潤滑油，或是經由觸媒裂解產出丙烯、液化石油氣及車用汽油。其也可經由加氫脫硫，產出低硫燃料油，並將產出的硫化合物送入硫磺回收場以產出硫磺。

至於其中的眞空殘渣油，則可接著送入柏油工場產出柏油，或是送入石油焦場產出石油腦、石油氣及石油焦。其亦可送入殘渣油汽化場產出氫氣、一氧化碳及合成氣（synthesis gas, syngas）。

1. 石油產品

圖 7-3 所示爲一般而言，一桶石油可提煉出的各種產品所占百分比。從圖中可看出各種油品中，汽油占接近一半（46%），柴油等燃料占約四分之一（26%）。

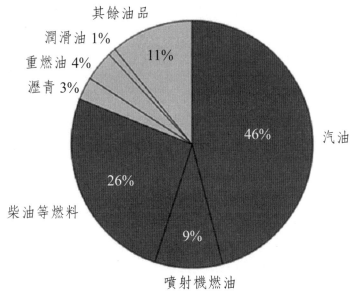

圖7-3　石油提煉出各種產品百分比

2. 蒸餾油與蒸餘油

原油經過分餾後，可以分成兩大部分，其一經過氣化後再凝結成液體，稱爲蒸餾油（distillate fuel），如汽油、煤油、柴油等。另一部分沸點

高，呈現黑色，殘留於分餾塔底部，稱爲蒸餘油、殘餾油或俗稱鍋底油（residual fuel 或 residual oil）。

3. 白油與黑油

一般而言，白油（clean oil）多指蒸餾油，黑油（dirty oil）則指原油、蒸餘油以及蒸餘油與蒸餾油混合而成之中間油品（intermediate products）。

4. 輕油與重油

輕油（light fuel）一般多指柴油。重油（heavy fuel）則指黏度較柴油爲高之油料，一般多指燃料油或燃料油與柴油混合成的中間燃油（intermediate fuel oil, IFO）。

石油產品通常依其性質分爲三類：輕餾分油（light distilled oil）、中間餾分油（intermediate distilled oil）、重餾分油（heavy distilled oil）及殘渣油（residual oil），以下爲各類油品的成分。輕餾分油包括：

- 液化石油氣（liquefied petroleum gas, LPG）── 主要爲丙烷（propane）與丁烷（butane），經加壓、液化後儲存、運送；
- 汽油（petrol/gasoline）；以及
- 石腦油（naphtha）。

中間餾分油包括：

- 煤油（kerosene）與航空燃油（jet fuel oil）；及
- 柴油（diesel oil）。

重餾分油與渣油包括：

- 燃料油（fuel oil），
- 潤滑劑（lubricating oils and greases），
- 石蠟（paraffin），
- 瀝青（asphalt）與焦油（bitumen），
- 石油焦（petroleum coke），及
- 硫磺（sulphur）。

石油產品亦可依其市場上的用途分成七大類：氣體類產品、燃料類產

品、潤滑油脂、柏油類產品、溶劑類產品、石油化學品及其他產品。其中的氣體油品包括：

- 天然氣（natural gas, NG）：主要成分為甲烷（methane, CH_4），並含有微量乙烷（ethane, C_2H_6）、丙烷（propane, C_3H_8）、丁烷（butane, C_4H_{10}）及戊烷（pentane, C_5H_{12}）等。可作為燃料及工業原料用。進口液化天然氣（liquefied natural gas, LNG）。
- 壓縮天然氣：將天然氣壓縮至 150 kg/cm^2 以上，稱為壓縮天然氣（compressed natural gas, CNG），主要供做車輛動力燃料。
- 燃料氣及煉油氣：燃料氣（fuel gas）及煉油氣（refinery gas）均為裂煉、重組等過程的副產品，以甲烷、乙烷、丙烷、及丁烷為主。燃料氣及煉油氣，可供作燃料，也可供作工業原料，製造肥料及石化產品。
- 其他如乙烯、丙烯、丁烯等，雖亦為氣體之石油產品，但多在石化市場上供售。

二、海運燃油

在港口供應商船使用的燃油通稱為海運燃油或船用燃油（marine fuel），主要包括船用柴油（marine diesel oil, MDO）、重燃油（heavy fuel oil, HFO）及由重燃油與柴油摻配而成的中間船用燃油（intermediate marine fuel）。

船舶所收受，準備用在船上機器的各種「油」，稱為添加燃料（bunker fuel）或是添加油（bunker oil）。以下為可能添加到商船上的幾種「油」：

- 重燃油
- 船用柴油
- 船用氣油（marine gas oil）
- 潤滑油（lubricating oil）
- 液化天然氣（LNG）

添加船用燃料的方式

船運燃料可經由不同方式供應到船上，取決於燃料的等級和種類。而用來輸送船用燃料與潤滑劑的設備也有幾種。例如，目前大多藉由小型輸油駁船（oil barge），將船用燃油加到輪船上。若油的數量不多（例如潤滑油或MGO、LNG等），則也可能從槽車加到船上。

國際間，包括航海與航空的航運界，以 bunker 來表示燃料和潤滑油。船上會儲存相當大量的 bunker，作為長途航行過程中，機器運轉之用。儲存 bunker 的艙櫃稱為 bunker tank。而從一艘船或岸上加油站，將這些 bunker 輸送到另一艘船上的過程，則稱為 bunkering。

至於一些像是油輪，將各種貨油（cargo oils）運送並在另一港口卸下，這些油便不稱為 bunker。

三、燃油性質

1. 黏度

黏度（viscosity）可謂燃油最重要的性質，代表對流動性阻抗能力的度量，是區分燃油等級的主要依據。其大小表示易流性、易可泵送性（pumpability）和霧化（atomization）性能的好壞。高黏度的燃料油，經過預熱使黏度降至一定水平，即可加壓送進燃燒器，從噴嘴噴散霧化。

黏度的測定方法很多。例如雷氏（或稱紅木）黏度（Redwood Viscosity）、賽氏黏度（Saybolt Viscosity）及恩氏黏度（Engler Viscosity）等。如今普遍採用的是運動黏度（kinematic viscosity），因其測定的準確度較高，且樣本耗量少，測定迅速。各種黏度間的換算，通常可藉由換算表查得近似值。

運動黏度即流體的動力黏度（dynamic viscosity）與同溫度下該流體密度 ρ 的比值，一般沿用的單位為 St（Stokes 鐸或斯）cSt（centi-Stoke，厘鐸、厘斯）。

2. 可泵送性

　　高黏度重燃油需經過加熱以利於泵送。但當加熱系統故障或加熱過於遲緩，則可導致燃油從儲存櫃（storage tank）泵送到沉澱櫃（settling tank）相當困難，甚至造成無油可用等嚴重後果。因此燃油的可泵送性為重要性質之一。

3. 澆點

　　澆點（pour point）指的是，當溫度低於此點（例如 40 至 50℃），燃料便會停止流動。這主要是因當燃油溫度低過澆點時，會形成蠟（wax），堵住濾器。而此蠟還會在燃油沉澱櫃底部和加熱盤管（heating coil）處累積，阻礙熱傳能力。

4. 含硫量

　　石油的成分當中除了碳與氫，硫亦為主要成分，為重要的燃油性質指標。燃料油一般按含硫量（sulfur content）的多寡，有低硫（low sulfur fuel oil, LSFO）與高硫（high sulfur fuel oil, HSFO）之分。前者含硫在 1% 以下，後者通常高達 3.5%，甚至 4.5% 或以上。另外還有低硫蠟燃油（low sulfur waxy residue, LSWR），含蠟量高且澆點亦高。

5. 密度

　　密度（density）為油品質量與體積之比，常用單位包括 g/cm^3 和 kg/m^3 等。由於油的體積會隨溫度變化而改變，故密度必須與溫度一起表示。為便於比較，一般以 15℃ 油的密度，作為各種油的標準密度。

6. 閃點

　　閃點（flash point, FP）是油品安全性的指標。油品在一定條件下加熱到某溫度，從表面逸出的蒸氣，可和周遭空氣混合成可燃物。當以一標準測試火源靠近此混合物，若會瞬間閃火，則此油品溫度即為其閃點。此火焰閃火即滅，不致持續燃燒。以下為不同油品的平均封閉 FP：

- 石油＝ –20℃

- 70 cSt 燃油 = 71℃
- 潤滑油 = 220℃
- 柴油 = 65℃

7. 燃點

延續上述加熱過程，達另一更高溫度時，若以同樣火源靠近即持續燃燒，則該溫度稱為燃點或著火點（fire point 或 ignition point）。可以想見，閃點與燃點愈低，就愈危險，反之愈安全。

8. 水分

燃料中的水分（water content）會影響其凝結點（condensation point）。水分提高，燃料的凝結點即隨之上升。水分會影響引擎與鍋爐的燃燒特性，例如可導致熄火、停爐等事故。

9. 灰分

燃料中的灰分（ash content）指的是燃料燃燒後所殘留，無法燃燒的成分。例如催化裂解過程中產生的矽鋁催化劑粉末，可導致機件加速磨損。此外，灰分易覆蓋在受熱表面，嚴重阻礙熱傳。

10. 機械雜質

劣質燃油的機械雜質（mechanical foreign material）過高，會導致濾器、噴油嘴等部位頻繁堵塞及油泵磨損，並影響正常燃燒，可嚴重增加輪機員的工作負擔。

11. 碳芳香度指數

計算碳芳香度指數（Calculated Carbon Aromaticity Index, CCAI）為從某燃料的密度與黏度計算出的一項，可看出燃燒效率的指數。CCAI 數值愈高，表示該燃料的點火性質（ignition quality）愈差。其只適用於重燃油等殘餾燃料，例如重燃油的最大可接受 CCAI 值為 870。

12. 碳渣

碳渣（carbon residue）指的是在燃燒室內高溫情形下形成，並累積在表面上的碳氫化合物。其對燃燒效率相當不利。

13. 不相容性

不同燃油混合，可產生不安定混合物，稱為不相容（incompatible）。例如，HFO 和 VLSFO 或來自不同油源的燃油相混，即可能產生不穩定產物。繼 2020 年海運燃料市場上出現多種燃料，在船上燃料的不相容性問題，趨於頻繁且複雜。因此首先，在添加燃油與駁油之前，須妥為安排，將不同燃油分別儲存在不同油櫃當中，確保不混油。

14. 不安定性

不安定的燃料在短期內會發生化學變化，導致嚴重的問題。此不安定情形，主要是煉油殘餘成分當中的不飽和瀝青和其他芳香、極性碳氫化合物凝聚，在油槽中形成厚實油泥殘渣。

使用不安定燃料可導致過濾器、淨油機等堵塞，以及燃燒不良、活塞與缸套受損等後果。嚴重時甚可造成主機與發電機停止運轉等危險。

15. 磨耗

重燃油內所含釩（vanadium, V）、硫、鎳（nickel, Ni）、鈉（sodium, Na）、矽（silicon, Si）等燃燒所形成的產物皆很難去除，可對活塞與氣缸套表面構成磨耗（abrasive）等不利影響。

16. 腐蝕

前述釩與硫等元素，分別可在燃燒後，分別帶來高溫腐蝕（high-temperature corrosion）與低溫腐蝕（low-temperature corrosion）等後果。

四、船上燃油處理

添加到船上儲存在艙櫃內的重燃油，必須經過適當處理才能使用。船用

重燃油在燃燒之前，最常用到的處理方法包括以下。

1. 加熱沉澱

　　加到船上的燃油，會先儲存在儲存櫃（storage tank）內，並以設置在櫃內的蒸汽盤管（heating coils）加熱到大約 40℃。此為燃油處理過程中的重要步驟。接著，燃油被泵送到沉澱櫃（settling tank），並進一步加熱，以促進沉澱分離效果。接著，該燃油在經過淨油系統處理後，送至日用櫃（daily service tank）溫度將超過 80℃。

　　如此在儲存櫃、沉澱櫃及日用櫃內的燃油，因為溫度提升，而得以相當有效的將較重的水分與雜質從油中分離，沉澱到櫃底，接著從油櫃中疏放（drain）掉。

　　最後，在燃燒之前，必須藉加熱將黏度降至 20cSt 以下，以求適當的霧化（atomization）。而若是加熱與泵送系統出現問題，便得不到良好的霧化，不僅不利於燃燒，且可導致活塞與氣缸套表面積碳增加，使整體運轉效能打折扣，徒增運轉成本等後果。

2. 離心分離

　　經過沉澱處理的燃油，接著靠名為淨油機（purifier）機的離心機（centrifuge），藉由離心力（centrifugal force），將油中的水分與雜質進一步分離出。此為另一確保燃油品質的關鍵過程。分離出的燃油接著被送至日用櫃，備妥使用。此時，燃油已被加熱到超過 80℃。整個分段加熱過程，在於確保原本相當黏稠的燃油得以順利傳輸，同時促進在各階段的分離效果。

3. 過濾

　　前述沉澱與離心過程，皆為利用油中各成分的比重差異，進行分離。然有些例如細微金屬或非金屬等較輕的固體雜質，則必須依賴濾器（filter），藉著各成分間的尺寸差異，加以過濾（filtration）分離。

4. 化學處理

　　市面上有許多汽、機車和工業用的各種燃油添加劑（additives），船上

並不常用。若有，用作HFO化學處理（chemical treatment）的添加劑多爲：抗乳化劑（demulsifiers）、分散劑（dispersants）、燃燒改良劑（combustion improvers）及消灰劑（ash modifiers）等。

五、油料管理的重要

1. 油中含水

油中所含水分可降低熱傳速率（heat transfer rate）、效率減損及氣缸套摩損等。油中水分的可能來源，包括溫度變化導致凝水、燃油櫃中蒸汽管漏洩、燃油儲存不當（例如量深管未關閉）等。

2. 形成油泥

船上必須儲備足夠燃油，以供長遠航程中引擎和鍋爐的使用。大量燃油儲存在油艙櫃當中，不免形成厚重油泥（sludge）。這些油泥可能附著在加熱蒸汽管熱傳表面上，導至各種問題。

3. 燃料試驗和清潔儲槽

將新添加的燃油裝到仍存有剩餘燃料的儲存艙櫃內，必須確認其穩定性（stability）與相容性（compatibility），以免導致嚴重後果。

因此，在船上切換燃料艙櫃時，便須特別注意是否有不相容的跡象。ISO WG6（ISO 8217）和 CIMAC WG7 即用於測試這類特性的標準方法。若船用燃油中混入雜質，可帶來諸多挑戰，包括：

- 溫度：燃油溫度須謹慎控制，除在於確保燃油的穩定流動與順利輸送之外，更可確實避免火災風險。
- 潤滑特性：各種燃料皆有其特定的潤滑特性，必要時須加以調整，以確保引擎受到該有的潤滑保護。
- 觸媒殘留物：煉油過程中會加入各種用以催化反應過程的觸媒（catalyzers），其硬質粒狀殘留物若未能從燃料當中有效分離出來，則很可能損及引擎及淨油機等設備。

- 水分：燃料中所含水份若未能有效去除，不僅不利於燃燒與油耗經濟性，且可能對引擎等設備構成腐蝕性威脅。
- 微生物滋生：油中所含俗稱「油蟲」的微生物，在溫度等條件允許的情況下可快速滋生。其本身和代謝物，皆可導致油路堵塞、機件腐蝕，甚至完全無法使用。

　　圖 7-4 摘要顯示船用重燃油各項性質的大約數值。這些燃油性質的相關挑戰，會隨著未來船上所使用的燃料趨於複雜，更顯嚴重。因此，輪機人員須與時俱進，持續充實所使用各種燃料的相關知識。

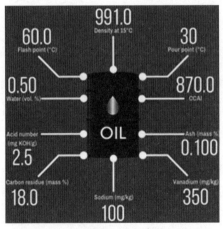

圖 7-4　船用重燃油性質大約數值

六、低硫時代船用燃料

　　如今全球船用燃料市場已進入低硫時代（low sulfur age）。2020 年元旦起，MARPOL 公約附則陸（Annex VI）新法規生效，旨在減少船舶排放到大氣中的硫氧化物。繼 IMO 限硫新法規（一般稱為「限硫令」）於 2020年生效之後，各種可能的船用燃料組合陸續出現，為海運業者帶來諸多挑戰與機會。

含硫燃料燃燒，會產生 SOx 排至大氣，可導致各種健康與環境問題。船運被公認爲 SOx 最大來源之一，約占全球排放量 5 至 8%。因此，IMO 於 2005 年通過的 MARPOL Annex VI，初步限制船舶大氣排放的 SOx 和 NOx。

當時所設定的燃油含硫量（sulfur content），質量比（m/m）上限爲 4.50%。此外，Annex VI 並建立排放管制區（Emission Control Area, ECA），設定比全球標準嚴格許多的排放限制。

接著，IMO 陸續調低船用燃油含硫上限，直到 2020 年元旦，ECA 和全球上限分別爲 0.10 與 0.50%。自此，所有船舶皆須遵守規定，否則將面臨包括被認定爲不具適航性等嚴厲懲罰。

即便近十年來，全球船用燃料組合受前述限硫趨勢所影響，當今全球多數船隊仍使用 HFO。儘管如此，可預期航商即將面臨重大成本等問題，而勢必朝採用不同燃料組合的方向發展。大致上，2020 年之後的海運燃油料，分爲五大類：

- 超低硫燃油（ultra low sulfur fuel oil, ULSFO），含硫量最高 0.10%。
- 極低硫燃油（very low sulfur fuel oil, VLSFO），含硫量最高 0.50%。
- 重燃油（HFO），含硫量最高 3.50%。
- 液化天然氣（liquefied natural gas, LNG）。
- 其他生物燃料（biofuels）等替代燃料（alternative fuels）。

以下先介紹幾種低硫燃油，接著介紹燃油以外的替代燃料。

1. ULSFO

採用這類燃料，主要在於滿足 0.10%ECA 要求。該燃油多爲蒸餾（distilled）成分，另包括混合蒸餾與殘餘（residual）的燃油。一般而言，使用這些燃油，只需在標準引擎配置改變操作方式。只不過，蒸餾油的粘度相對低，加上採用混合燃料，可能引發穩定性、相容性和汙染等問題。

2. VLSFO

爲充分利用煉油過程所產生的殘餾物（residues），煉油廠會將合適的

殘餾物與低硫成分混合，以產生優質、合規的燃油。這些混合物所含殘留物可高達 40%，但仍保持低於 0.50% 的硫含量。也正因爲其中所含殘留物比例過高，而可能爲船上帶來不穩定的風險。

3. 加裝脫硫器以燃燒重燃油

依 IMO 規定，若船舶擁有可從廢氣當中去除 SOx 的空氣汙染防制技術，則仍符合法規。因此，如今不乏裝設並運轉洗滌器（scrubber）等脫硫設備的船舶，持續使用便宜且充足的殘餾燃油。

4. 替代燃料

因應全球低汙染與脫碳（decarbonization）趨勢，傳統海運燃油乃至低硫燃油，將逐漸被相對潔淨（clean）且綠（green）的燃料取代。迄今另有一系列替代燃料，陸續加入船用燃料組合當中，包括氨、甲烷、甲醇等生物燃料。以下針對船上用愈來愈多的各種替代燃料逐一介紹。目前海運替代燃料包括：

- 液化天然氣（liquefied natural gas, LNG）
- 液化生物氣（liquefied biogas, LBG）
- 源自天然氣的甲烷（methanol from NG）
- 再生甲烷（renewable methanol）
- 氨（ammonia，阿摩尼亞）
- 甲醇（methanol）
- 燃料電池用氫（fuel cell hydrogen）
- 氫化植物油（hydrotreated vegetable oil, HVO）

5. 液化天然氣

LNG 的主要成分爲甲烷，爲便於儲存與運送，而轉換成液體。就單位體積的能源密度來說，LNG 的是柴油的 60%。其依賴特殊低溫儲存容器，將溫度維持在零下 162℃。LNG 低溫儲存之前，須進行處理以去除雜質（例如水、H_2S、CO_2）。

　　除了燃燒天然氣引擎技術，採用 LNG 作爲船舶燃料的議題包括：

・LNG 船上儲存，

・逸散氣體（blowoff gas, BOG）的掌控，

・LNG 的添加設施，以及

・LNG 的物流。

　　圖 7-5 所示，爲以天然氣作爲燃料的船用柴油引擎的氣缸頭及燃料噴射閥。在燃燒過程中，液態燃料直接噴射（direct injection, DI）會產生 PM。藉由改進噴射設計，也可降低 NOx 排放。同時降低 PM 與 NOx，可靠後處理（after-treatment）達到。在船上儲存 LNG 燃料，須確保存在約零下 160℃ 的低溫。

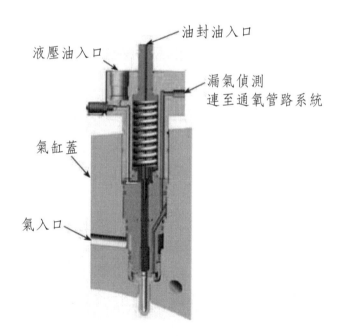

圖 7-5　燒天然氣引擎的燃料噴射閥示意

　　圖 7-6 所示，爲全球不同國家與區域以 LNG 作爲燃料船數。從圖 7-7 則可看出，全球使用 LNG 作爲燃料的船舶成長趨勢。

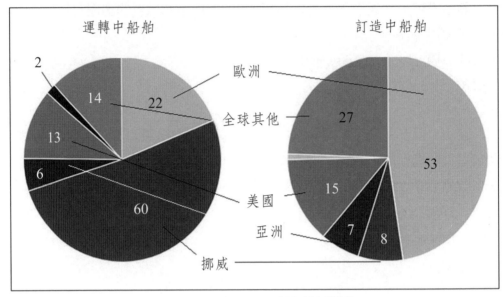

圖 7-6　全球以 LNG 作為燃料船數

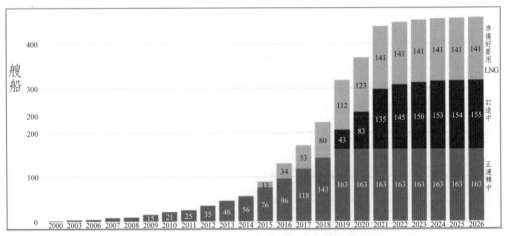

圖 7-7　全球以 LNG 作為燃料的船舶成長趨勢

【輪機小方塊】

世界最大的天然氣驅動貨櫃輪

　　世界第四大船公司 CMA CGM 的 Jacques Saadé，容量 23,112 TEUs，是其九艘以天然氣驅動超大型貨櫃輪（23,000 TEU）當中的第一艘。2022 年，CMA-CGM 共有 20 艘 LNG 驅動的輪船在海上營運。CMA CGM 目前共有 528 艘船。

　　添加 LNG 設施欠缺，往往被認為是此市場發展的主要障礙。如圖 7-8 所示，一艘以 LNG 驅動的船舶所需要的燃料，可視情況經由添加船、岸上加氣站、或是槽車進行添加。圖 7-9 所示，為一艘加氣船將天然氣加到一艘貨櫃輪的示意。

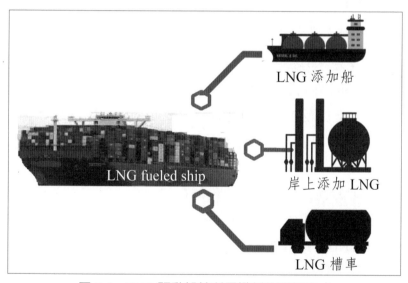

圖 7-8　LNG 驅動船舶所需燃料的添加方式

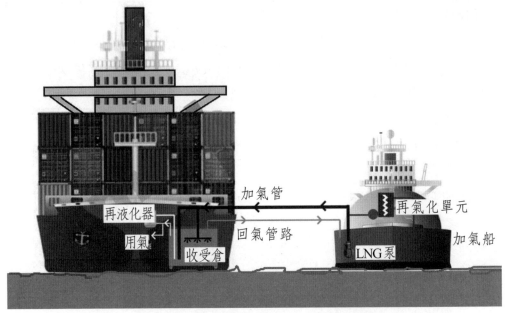

加氣管

再氣化單元

再液化器

加氣船

用氣

回氣管路

LNG泵

收受倉

圖 7-9　　從加氣船將天然氣加到貨櫃輪示意

　　LNG 燃料系統主要包含 LNG 儲槽、閥、接頭及氣化器（vaporizer）。氣化器在於將 LNG 在噴入引擎之前，先氣化到約 15℃。以上各個儲槽、氣化器等合起來，全都設在一不鏽鋼容器當中，如圖 7-10 所示。儲槽內的壓力可將 LNG 推出，經由蒸發器直達引擎。

LNG的安全性

　　一如任何可燃物質，要讓風險維持在可接受的限度，必須確保安全防護。為確保安全，需要妥善的設計建造、規範加上人員訓練。另一極重要條件的是，用在 LNG 系統上的材料對低溫的承受能力，以及在系統中累積的壓力可正常卸除，皆須經過驗證。因此在設計船時，便必須決定 LNG 燃料儲槽及加工設備的位置，以及如何安排其通氣管道與釋壓主管，整體 LNG ／氣體管路，皆須審慎通盤考慮。

圖 7-10　貨船上 LNG 儲存槽的可能位置

在船舶設計伊始，便必須確保進入有害範圍的安全性，並戮力建立一套完整且一致的安全思維。這包括，從添加氣體給使用者，以及從關閉功能性到工作人員的警覺性的一切一切。而其中，人員的訓練是極端重要的。

6. 氫

氫是包括化石燃料與其他替代性永續燃料在內的所有燃料，的主要能量來源。目前全世界生產的氫當中，僅很少一部分被用作燃料。圖 7-11 所示，為各種不同類型的氫及其生產方式，可看出氫可生產自化石燃料或再生能源。目前全世界大約有 48% 的氫產自天然氣。使用再生能源產氫，主要在於達成大幅降低排放的目標。

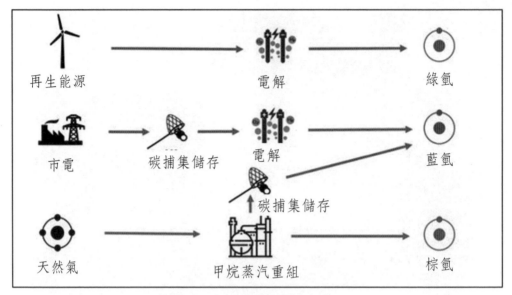

再生能源　　　　　　　　　電解　　　　　　　　　綠氫

市電　　　碳捕集儲存　　　電解　　　　　　　　　藍氫

　　　　　　　　　　碳捕集儲存

天然氣　　　　　甲烷蒸汽重組　　　　　　　　　棕氫

圖 7-11　不同類型的氫及生產方式

　　從圖 7-12 可看出，電解水（water electrolysis）成為氫與氧，過程中無其他排放。若是採用源自於再生能源的電，則可在不產生任何 GHG 排放的過程中，產生優質氫，而堪稱為綠氫（green hydrogen）。

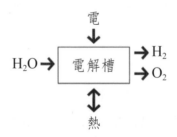

圖 7-12　水經過電解產氫

　　以氫驅動內燃機，氫在燃燒室內與空氣一道燃燒，結果產生的是水和 NOx。目前來講，對在海上採用氫內燃機的興趣略高於 FC 的主要理由包括：

• 主機無需作根本上的改變。

- 在無氫可供應時，引擎可以 MGO 運轉。
- 雙燃料共燃（co-combustion）幾乎不影響保養期程。

　　另外，以 FC 驅動船舶的挑戰包括：

- 船舶所處高鹽度環境與劇烈運動狀態對 FC 可構成大挑戰。
- 在高持續出力情況下，燃料電池的效率會低於共燃的。
- 從電能轉換成機械出力的外加費用，可使燃料電池系統變得很貴。
- 找出合適的使用案例和使用者。
- 氫基礎設施（例如港區的儲存與添加站）。
- 產品成本。
- 尚缺整體產業標準、認證指南及規範。
- 技術成熟度不足。

　　儘管目前在海運上使用氫，仍存在著包括安全性、儲存與添加設施及相對於化石燃料成本偏高等諸多障礙，隨著研發加上政策的介入，這些障礙將隨著時間逐漸降低。

7. 氨

　　由於氨（NH_3）是無碳分子，因此近幾年來被廣泛提出，可望成為不產生碳排的海運燃料之一。從氫和氮產生的氨，若能以再生能源生產，則可望對氣候的影響減至最低。然而，目前的氨主要產自於以化石燃料為基礎的氫，至於源自再生能源的氨，則尚處發展階段。

　　氨曾被用作壓縮點火引擎、火花點火引擎及燃料電池的燃料，總的來說，仍在點火、燃料消耗率、材質、及排放等方面仍存在一些問題。除了氨漏洩之外，還有 NOx、CO、碳氫物化等排放的問題（取決於先導燃料），皆須進一步針對其後處理的效果，進行評估。

　　在 FC 當中，氨可以直接使用，或是分解出氫與氮，接著再用於 FC。可用於海運的兩種 FC 選項為：使用純化氫的質子交換膜（proton-exchange membrane, PEM）FC，及使用氨的固體氧化物 FC（solid oxide fuel cells, SOFC）。

氨為毒性物質，一旦以高濃度釋入大氣，會在一段時間內構成健康威脅。其也可能形成二次微粒。氨和其他許多燃料一樣，可和空氣與氫結合成爆炸性混合物。所以若以氨作為海運燃料，將會需要專用的安全規範。

此外，氨具腐蝕性，而在海運燃料系統的設計上，須特別考慮。上述相關安全規範及安全措施，皆會影響燃料添加與運轉的相關系統，而增加成本和在船上所需用到的空間。

燃燒氨引擎

燃燒氨的引擎技術正快速發展當中。例如 MAN Energy Solutions 便與丹麥技術大學（Technical University of Denmark）和 DNV 合作，開發首部以氨驅動的雙燃料引擎。此二行程引擎預計在 2024 年問世。圖 7-13 為 MAN B&W ME-LGIP Engine 系統示意。

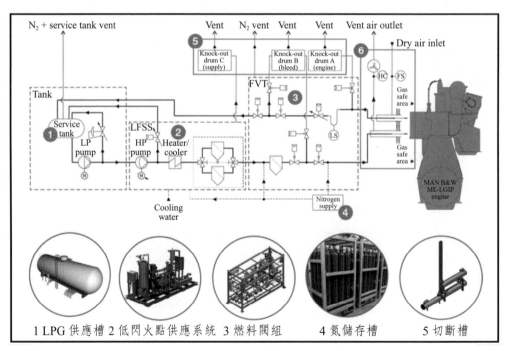

圖 7-13　MAN B&W ME-LGIP Engine 系統示意（來源：MAN Energy Solution）

8. 海運 e 燃料

　　如圖 7-14 所示，e 燃料指的是以電力為基礎的燃料。該燃料捨傳統生產方式，改以水與二氧化碳為基礎原料，透過再生能源發出的電進行生產。例如 E hydrogen 不同於傳統從天然氣、油等化石燃料生產氫，而改以風力、太陽能等再生能源發電，用來電解水產氫。

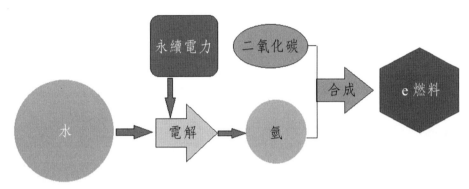

圖 7-14　e 燃料合成示意

傳統氨與綠氨

　　因應綠海運的需求，將須從產自化石燃料的傳統氨，進入到可大幅擴充的，源自化石燃料與碳捕集與儲存所合成的藍氨（blue ammonia），或是如圖 7-15 所示，源自再生能源的綠氨（green ammonia）。此將需要海運業界更深的投入，以設計出相關的規範與進程。

　　目前全世界共有 120 個港口已配備氨的交易設施。未來許多氨廠將位於擁有優良再生能源條件之處，以直接使用綠電生產綠氨。綠氨目前成本較其他燃料高，但在擴大生產規模後可望下降。海運業一開始可先使用傳統氨，接著隨因應追求永續與碳中和海運趨勢，逐漸提升加入綠氨的比例。

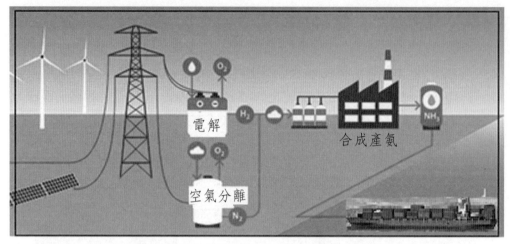

圖 7-15　以再生能源電力生產綠氫與綠氨供應船上

9. 電動船

　　Marin Teknikk 首先在挪威建造出第一艘電動貨櫃輪。然不可否認，在過去 70 年當中，即便是最好的商用電池，其能源密度還提高不到四倍。

　　例如，用來推進一艘 18,000 TEU 的貨櫃輪，需要多少動力？假若這艘船要完成一趟 31 天的歐亞航程，已當今柴油主機要燃燒 4,650 公噸燃油，每噸含有 42 gigajoule 能量。這相當於大約每公斤 11,700 Wh-hours 的能量密度，等於是 300 Wh/kg 的當今鋰電池，相差近 40 倍。

　　而該船整趟航程所需大約為 195 terajoules，即 54 GWh。這類大型柴油引擎的效率約百分之 50，因此其所需推進能量大約為 27 GWh。滿足此需求，以 90% 大型馬達將需要約 30 GWh 的電。

　　在此船上安裝現今最好的商用鋰電池（300 Wh/kg），其將會需要攜帶近十萬公噸這樣的電池，以完成這趟航程。這些電池將需占掉最大載貨容量的四成。而即便我們有能力提早將電池的能源密度提升到 500 Wh/kg，該18,000-TEU 貨櫃輪仍需要六萬公噸的電池，才能以相當低速完成這趟跨洲航程。

　　如此推算，一艘當今大型電動貨櫃船上所裝的電池與馬達重量不及燃油的（約 5,000 公噸），其柴油主機（約 2,000 公噸），其所需電池的能源密

度要等於今天最好的鋰電池的十倍以上。

10. 甲醇

　　合成甲醇被認爲是碳中和的，因此可以用於航運脫碳。與燃油相比，甲醇可望減少 SOx 排放量達 99%，NOx 排放量減少 60%，PM 排放量減少 95%。截至 2021 年 6 月，已有 25 艘甲醇動力船舶。

　　世界上絕大部分甲醇生產以天然氣或石油爲原料。氫氣也可用於合成甲醇，生產成本較低且用途廣泛。該燃料在常溫、常壓下以液體形式儲存，體積密度接近 LNG 的。惟不同於 LNG，其可儲存在船上既有油櫃中，不需要低溫保存。基於減碳潛力的考量，甲醇可分成：

- 褐甲醇（brown methanol）、灰甲醇（grey methanol）：源自化石燃料，不具有減碳潛力。
- 藍甲醇（blue methanol）：由天然氣、原油或煤炭生產，通過使用碳捕捉和儲存這些生產方法可以使碳中和的。
- 綠甲醇（green methanol）：利用綠電（green electricity）生產電子氫（electric hydrogen, e 氫），然後進行合成處理，最終形成電子甲醇（electric methanol, e 甲醇）。

【輪機小方塊】

　　目前已實際零碳船，但大多限於近洋航行的小型船。下圖所示瑞典的 M/S Stena Germanica RoPax 渡輪，爲世界上第一艘使用甲醇燃料的商船。比起其他輪船，該船的硫氧化物和微粒排放減少了九成，氮氧化物減少六成。

七、潤滑劑

顧名思義，潤滑劑（lubricant）的功能在於減少運動表面之間的摩擦。最常見的工業用機油在於保護機械內運動元件。一般液態潤滑油（lubricating oil）或稱機油（engine oil），爲石油煉製產品。

潤滑劑也可能是石墨（graphite）、二硫化鉬（MoS_2）等粉末狀，或是稱爲潤滑脂的固體，偶爾也會用氣體作爲潤滑劑。至於常溫下處固體狀的潤滑脂（grease），其散熱性遠不及潤滑油，所以只適用於低速運動或靜止的部件。

市面上的潤滑油、脂種類約有兩百多種。車用潤滑油脂包括車輛與非路上引擎（non-road engine）在內所用的潤滑油、脂，有引擎油、齒輪油、變速器油、液壓油、防震油、壓縮機油、刹車油等。工業潤滑油脂則包括軸承、齒輪、液壓系統、空氣壓縮機、渦輪機、冷凍機、切削等加工作業及防鏽等用油。

總括潤滑劑的功能包括：

- 將接觸表面整個隔開，以盡量減少靜摩擦（static friction）與動摩擦（dynamic friction），以防磨耗與撕裂。
- 吸收軸承等機件運轉中產生的熱，進行冷卻。
- 保護機件表面，避免氧化、腐蝕等。
- 清除金屬屑等雜質。
- 阻隔運轉中的噪音。
- 使接觸面保持密合。

船舶用潤滑油脂包括，用於各式內燃機與渦輪機的推進與發電系統，以及類式上述機械的各種輔機，所用之潤滑油、脂。其各種性質，以曲軸箱潤滑油爲例，包括以下：

- 黏度（viscosity）：大小視使用目的而定。
- 黏度指標（viscosity index）：宜盡量大。
- 澆點（pour point）：宜盡量小。

- 閃點（flash point）：宜盡量高。
- 氧化安定性（oxidation stability）：宜盡量高。
- 碳渣（carbon residues）：宜盡量低。
- 總酸值（total acid number, TAN）：大小視目的而定。
- 總鹼值（total basic number, TBN）：大小視目的而定。
- 清潔性（detergency）：用於清潔。
- 分散性（dispersancy）：促進純化。

1. 潤滑油添加劑

使用潤滑油添加劑，首先必須確認其與潤滑油相容。一般常見的添加劑包括以下：

- 修護金屬表面（resurfacing metal），用於填補金屬表面刮痕、汙損。
- 抗磨（anti-friction and anti-wear），用於減輕表面磨耗。
- 清淨（detergent），用於清除積碳、油泥等雜質。
- 防止泡沫（anti-foaming），用於防止高速運轉產生泡沫，以免影響潤滑效果。
- 高科技潑濺液（high-tech platter），用於油壓不足情況下仍能維持保護效果
- 分散劑（dispersant），用於將較大雜質分成微小顆粒，使在濾油過程中去除。
- 超潤滑劑（super lubricant），用於增強潤滑作用與保護效果。
- 總酸值（Total Acid Number, TAN）與總鹼值（Total Base Number, TBN）。

2. TAN 與 TBN

TAN 與 TBN 為衡量石油產品的一項重要指標。油品氧化會產生酸性物質。一旦油品中酸性成分過高，便會開始腐蝕引擎內部機件。TAN 與 TBN 即表示此酸、鹼性成分，代表油品酸性劣化的傾向。

亦即，TAN 表示某油品與鹼性物質作用的能力。TBN 則用來表示，其

與酸性物質作用的能力。TBN 量測值即為，用來與一公克油樣本中和的氫氧化鉀（potassium hydroxide, KOH）毫克（mg）數。例如正常情形下，十字頭柴油引擎（crosshead diesel engine）曲軸箱潤滑油 TBN 約為 8 mg KOH/g 油；重燃油 TBN 約為 30 mg KOH/g 油。

3. 潤滑油受汙染

表 7-1 所列，為船上潤滑油當中可能含有的汙染物（contaminants）及其可能來源。

表 7-1　潤滑油所含汙染物及來源

汙染物	可能來源例
淡水	凝結水、缸套水、活塞水漏洩、油櫃內蒸汽加熱盤管漏洩
海水	冷卻器漏洩
燃油	霧化不良，未燃燒燃油
氧化產物	過高的排氣溫度、氣缸油燃燒、未完全燃燒碳
硫酸、硝酸等燃燒產物	燃料燃燒
礦物雜質	生成的水垢、磨耗與破損產物
生物性汙染	例如噬油菌滋生

潤滑油一旦受到水汙染，可能造成的影響包括：
• 降低冷卻效率。
• 在筒狀活塞引擎中會增加酸性物質的形成。
• 造成各部位腐蝕。
• 造成微生物劣化。
• 降低負荷承受能力。
• 降低潤化效果與 TBN。
• 因乳化形成油泥。

潤滑油一旦受到水汙染，應盡速採取補救措施包括：進行適度淨油，若汙染嚴重，需分批淨油。在此同時，應找出漏洩來源，並進行止漏與修理。

【輪機小方塊】

　　若發現主機潤滑油溫不正常偏高，應立即採取以下措施：

- 檢查滑油池及滑油冷卻器與淨油機溫度。
- 檢查滑油池加熱值。
- 將滑油冷卻器旁通全關。
- 清潔滑油冷卻器。
- 檢查油池加熱盤管是否漏洩。
- 進行滑油檢測（尤其是溫度）。
- 檢查滑油管路系統，是否漏洩或堵塞。
- 檢查軸承間隙及屬件是否鬆動。
- 轉動轉俥機時，檢查安培負荷。

4. 潤滑油管理

　　以下為維護船上潤滑油品質，所應採取的管理措施：

- 定期實施滑油檢測。
- 定期清潔滑油濾器。
- 維持滑油淨油機性能並進行淨油。
- 每年清潔滑油池（L.O sump）。
- 維持滑油溫度在限度內。
- 維持滑油冷卻器的效率。
- 維持良好的燃油燃燒系統。

習題

1. 解釋以下和船用燃料與潤滑劑有關的名稱：(1) bunker；(2) Saybolt Viscosity；(3) pour point；(4) pumpability；(5) flash point；(6) CCAI；(7) TBN。

2.列述在船上可能用到的各種海運燃料（marine fuels）。

3.列述在 2020 年之後，海運燃油料大致上分爲哪五大類。

4.試論述，何以船用燃由，需要在使用之前先進行處理。

5.試摘要論述，船上處理燃油的過程。

6.試列述潤滑劑的功能。

7.試列述曲軸箱潤滑油的主要性質。

第八章

船舶的建造與檢驗

一、船舶建造

　　建造一艘新船是一項艱鉅的任務，涉及數以百計的工作人員，和許多需要妥善管理的項目。船舶的建造過程猶如拼圖：在造船廠內將幾塊如圖 8-1 所示的巨大船段（blocks）逐一拼接在一起。在此階段，有些部分像是甲板機械和船橋（bridge）等船段，會暫時不拼接上去。

圖 8-1　施工中的船段

造船流程

　　建造一艘新船，船東首先會依船速、載重噸、耗油量及特別功能等，提出需求規範，並根據各造船廠所能提供的船價、開工及交船時間、經驗與實績等條件選擇造船廠承造。接著，在新船建造規範議定簽約後，便展開船舶建造流程。

　　造船廠開始根據設計圖,進行細部排程、分項設計、物料裝備採購等工作。接著歷經製造、組合及配至、安裝等現場施作,組成一艘船舶,最後經過各項測試與檢驗證,達成造船目標。

　　在此造船過程中,船體方面以船段的建造、組合及塗裝等為主;船機方面則包括艤裝、室裝、機裝及電裝等系統工程。最後再加上傾側實驗、重量調查、船上測試及海試作業,以驗證全船裝備及系統功能。以下摘述各分項工程作業流程。

(1)製造工場:進料→噴砂→預塗底漆→電子落樣→裁切→彎板→組件→小組合→大組合→組合工場

(2)組合工場:接板→模台→組合→鐵工點焊→電焊→船段→交驗→搭架→地艤→交驗→非破壞性檢驗→塗裝工場

(3)塗裝工場:表面處理→交驗→一道噴漆→補漆→二道噴漆→完檢→安裝工場→船塢／船台

(4)安裝工場:大組合→翻轉→蓋板→組合焊道點焊→電焊→交驗→安裝焊道表面處理→塗裝作業→船塢／船台

(5)地艤工場:大組合→翻轉→蓋板→組合焊道點焊→電焊→交驗→安裝焊道表面處理、塗裝作業→船塢／船台

(6)船塢／船台:船段安裝→安放龍骨→精度計測→安裝焊道點焊→電焊→交驗→安裝焊道表面處理、塗裝作業→內外艙檢→非破壞檢驗→浮船→載重線及水字標示確認量測→外板噴砂與修補→外板塗裝→船體尺寸量測→下水前檢查→上構安裝→下水

(7)下水:艙檢→非破壞檢驗→艙區除銹與修補→艙區塗裝→拆架→艙區完檢→清潔檢查→最後進塢

(8)完成進塢:清潔檢查→傾斜試驗、重量調查→最後進塢→繫泊試車→海上公試→缺點改善→驗收→交船

　　船舶在設計之後的整個建造過程中,有許多足以影響船舶成本與該船品質的因素,因此需要依賴合格的工程師進行監造。監造工作包括進度的檢查及工地巡邏,以確保施工期間符合安全等各項要求。

　　通常船東代表會依據船廠施工進度，長駐船廠進行監造與檢驗工作，並確認各個重要節點執行進度，直至完成交船。以下摘要列述各主要節點的工作重點。

(1)開工（Steel Cutting）：船體材料開始進行加工，即為開工。開工後，駐廠監造隨即掌握建造進度、圖說整理排序、監造報告製作、和承造船廠建立溝通管道、安排主機與發電機等重要裝備測試期程及材料檢驗等。同時，船廠開始進行鋼板下料、放樣、切割、彎製等作業。

(2)安放龍骨（Keel Laid）：此在於將第一塊船段組合定位於建造船台或船塢內。此階段的工作重點包括：船段組合製作檢驗、除銹塗裝作業檢驗、地艤、管艤製作檢驗。

(3)看中（Shaft Centering）：看中在於勘定推進軸安裝中心線。其工作重點包括：船體結構強度檢驗、初看中檢驗、軸系與舵系正式看中交驗、軸承加工與安裝檢驗、推進器及軸系安裝檢驗等。

(4)下水（Launching）：下水指的是，在達成可安全浮水程度時，將船滑入水域或將船塢注水使船浮水，接著移置碼頭邊繼續作業。其工作重點包括：下水前船體尺寸量測檢驗、船殼外板及底 板塗裝完檢、下水前完檢等。

(5)船上測試（Onboard Test）：在船體結構、裝備、系統等皆完成佈置後，即可進行船上的功能或性能測試。其工作重點包括：各管系試壓、艙櫃試壓清潔、主機安全警報與功能測試、發電機功能測試、配電盤功能測試及其它各系統 功能測試檢驗等。

(6)完成進塢（Final Docking）：在進行海上公試之前，將船自碼頭邊移置於船塢或船台，進行船體外板清潔及船體外板艤裝品再檢查確認的作業，即告完成進塢。其工作重點包括：船體清潔與最後塗裝及螺槳與軸系清潔等。

(7)傾斜試驗（ Inclining Experiment）及重量調查（Dead Weight Measurement）：船在浮水於船塢內或平靜水域情況下，利用重塊在本船兩舷邊的移動，分別在左右兩舷造成傾斜，據以計算輕船之重心、浮心及重量

等，即為傾斜試驗。在傾斜試驗之前，會進行重量調查，亦即調查船尚未安裝各項物件，及尚待移除施工物件的重量與位置。

(8)海上公試（Sea Trial）：海上公試之前，在泊靠的碼頭邊，會進行主機系統的啓動測試，此即繫泊試車。接著，船東監造單位、接船船員、船級社等人員共同參與，出海驗證船速、主機、航儀、通訊、自動控制等，此即海上公試。

(9)交船（Delivery）：在完成海上公試，接著改善缺失項目並取得各項航行證書之後，造船廠將船交予船東接收，即告交船。交船的主要工作項目包括：完成公試缺失項目改善、完成圖說及交船文件核對、接船人員訓練、協助辦理驗收及交船文件、圖說、工具、備品及物料點交、竣工文件簽署、交船典禮、試俥記錄製作及機器設備運轉性能資料彙編等。

二、船舶建造檢驗

造船過程中，會依建造規範內容及船級社（class）與相關法規要求，由船廠人員會同船級社及監造代表，進行特別檢驗。其一般檢驗流程如圖8-2所示。

建造一艘船，在切割第一塊鋼板之前，船東方面會派出一組約5至15人員，接受船廠的報告。接著該小組便展開對建造進度的監看，以確保符合預定期程。這時驗船師（surveyor）便須負責，檢查用來組成第一船段的鋼板，包括切割和彎曲成型。經過認可的船段在進一步焊接時，需對焊道（welding lines）進行檢查。

在此同時，該船的主龍骨（main keel）已備妥在船塢內。在此階段，機艙段、艉推進器及甲板機械的舾裝（outfitting）也都已裝妥。此階段最後，起重機將各船段吊入乾塢內，並安放龍骨。

圖8-3所示，為船在船塢內進行安裝的實景。在安裝階段（erection stage）當中，所有船段都會完成組合，主機也會完成安裝。在此同時，輔引擎、舵、螺槳及各甲板上的揚貨機都會安裝到位，船殼也完成油漆。經過

量測，船殼上的乾舷與載重線（load line）等記號，都會漆上並且確認。這些工作大約還需再花兩個月。

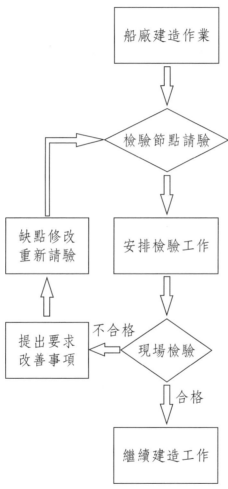

圖 8-2　新船建造一般檢驗流程

圖 8-3　船在船塢內進行安裝實景

1. 船體結構檢驗

　　船體結構檢驗包含材料檢驗和焊接檢驗。

(1) 材料檢驗

　　為確保造船所用材料的特性及尺寸等，須進行材料試驗。鋼板的材質與強度必須符合船級社規定，並取得船級檢驗證書。鋼板若出現點蝕（pitting）和鱗狀銹蝕（flaking）情況，須在加工製造之前進行表面噴砂處理，並塗上保護底漆。

(2) 焊接檢驗

　　完成之船段，須藉由一般目視檢查，找出焊道龜裂、氣孔、夾渣等缺陷。此外，並須藉非破壞檢驗，確保強度、延展性、撓度、耐蝕性等焊道品質。非破壞檢驗可免從被檢測物採樣製作試片，只須藉由儀器設備在工地現場進行檢查，可當場解決施工上的疑點。

2. 設備、裝置檢驗

　　造船過程中，船廠會依規範與契約內容，針對各項設備與裝置，製作交驗程序與紀錄，供船東與船級社驗船師確認和查核。表 8-1 與表 8-2 分別以

輔機和電機為例，摘列主要設備的檢驗項目和測試內容。

表 8-1　輔機檢驗和測試內容

輔機	檢驗及測試內容
空氣壓縮機	安裝檢查、安全保護裝置、現場／遙控啟動、運轉測試
通風機	安裝檢查、安全保護裝置、現場／遙控啟動、運轉測試、通風防火檔板功能測試
淨油機	安裝檢查、安全保護裝置、現場／遙控啟動、運轉測試
油水泵	安裝檢查、安全保護裝置、現場／遙控啟動、自動啟停、運轉測試
油水分離器	安裝檢查、安全保護裝置、運轉測試
淡水製造機	安裝檢查、安全保護裝置、現場／遙控啟動、運轉測試、造水量確認量測檢驗
汙水處理系統	安裝檢查、安全保護裝置、現場／遙控啟動、運轉測試
舵機	安裝檢查、安全保護裝置、現場／遙控啟動、運轉測試
甲板機械	安裝檢查、安全保護裝置、現場／遙控啟動、運轉測試
消防海水泵	安裝檢查、安全保護裝置、現場／遙控啟動、運轉測試
壓載水處理系統（BWMS）	安裝檢查、安全保護裝置、運轉測試

【輪機小方塊】

驗船師的任務

　　擔任船舶驗船師可能執行的任務包括：

- 一艘船從新造、年度、中間到特別檢驗工作，確保其持續符合標準。
- 執行當地或 IMO 公約法規所要求的檢驗工作。
- 對緊急與安全機械、設備的測試與運轉進行認證。
- 船舶噸位量測及授予載重線的檢驗。
- 以專家見證人身分出席法庭提供諮詢。
- 參與調查海事意外事故。

表 8-2　電機檢驗項目及內容表

項目	檢驗及測試內容
主配電盤及分電盤	
空氣斷路器（ACB）	安裝檢查、過載、優先跳脫、逆電力保護功能確認及反應時間量測
電壓調整器（AVR）	安裝檢查、功能確認
連鎖保護裝置	岸電、緊急電源、空間加熱器功能確認
儀錶、指示燈、警報裝置	安裝檢查、功能確認
優先跳脫裝置	功能確認
順序啟動裝置	功能確認及反應時間量測
電瓶充放電盤	
充電裝置	浮充、均充功能確認
緊急電測試按鍵	功能確認
岸電箱開關、儀錶、指示燈	安裝檢查、功能測試
電動機	
油水泵	安裝檢查、緊急停止、現場／遙控起停及自動起停功能確認
通風機	安裝檢查、緊急停止、現場／遙控起停功能確認
甲板機械	安裝檢查、緊急停止、現場／遙控起停功能確認
警報、廣播、船鐘系統	
輪機監控系統	安裝檢查、功能確認
機艙延伸警報系統	安裝檢查、功能確認

3. 主要裝備廠試檢驗

- 艤裝部分：舵機測試、甲板機械（錨機及絞纜機）、起重機、錨、錨鏈、鋼索及附屬品。
- 輪機部分：推進主機、發電機引擎、空氣壓縮機、各式泵、淨油機、艉

軸管及軸封、中間軸及艉軸、溫度控制閥、壓力控制閥、安全閥、熱交換器、空調機、機艙控制室控制盤、油水分離器、汙水處理器、螺旋槳。

- 電機部分：發電機、配電盤、變壓器。

4. 主要系統及海上試俥

機器設備或系統安裝後，須進行功能或性能測試，以確認該裝備出廠狀況符合建造規範之要求。這些船上測試一般都會在船舶下水後，才開始進行。有些船因裝備數量多且複雜，船上測試可一直進行到海上試車之後，交船前。

造船即將完工，準備下水是最忙碌的一段時間。從住艙、船橋開始，包括燈具和電纜等等，每項安裝的裝備都須經過一系列測試、檢查。接著須進行繫泊試俥（trial at anchor），作為接下來進行出海公試的準備。這些需要測試的主要系統，涵蓋全船所配置的裝備，大致歸納分類如下：

- 輪機系統：主機、輔機、推進系裝置、鍋爐及管路系統等。
- 電機系統：主配電盤、緊急配電盤、群組電盤、獨立電盤、蓄電瓶充放電盤、變壓器及機艙監控系統等。
- 甲板機械系統：舵機、錨機、絞機、吊車、通風機、側推進器、穩定器、裝卸貨設備、拖曳設備及小艇收放設備等。
- 住艙系統：空調設備、電梯、廚房設備等。
- 救生消防系統：火警偵測及警報系統（煙、熱、焰）、二氧化碳滅火系統及海水消防系統等。
- 航儀通訊系統：航行燈、探照燈、內部通訊廣播系統、外部通訊設備及航儀設備等。

5. 海上公試

船廠在符合海上公試條件時，會依照契約與建造規範要求，進行海上公試，項目包括：

- 船速試驗。
- 主機持久及燃油消耗試驗。

- 錨機、舵機、舵效試驗。
- 主機軸系振動測量。
- 緊急停俥、後退、再前進試驗。
- 迴旋試驗。
- 慣性試驗。
- 主機啓動及最低轉速試驗。
- 磁羅經校正。
- 船內通訊、航儀試驗。
- 船體振動及噪音測量。
- 貨油泵及壓艙泵容量試驗。
- 自動及遙控試驗。
- 緊急電源試驗。

6. 交船後試運轉

　　交船後的試運轉，在於驗證船員及設備等皆符合正式營運的需求，並藉以強化船員操作技能，及船上各項裝備磨合。船長與輪機長會設定試運轉計畫目標，據以設定試運轉階段與行動方案。最後根據行動方案，執行、點檢各作業之成果與紀錄，於試運轉執行結束後，匯總檢討得失與改進事項，期能在正式營運前改善完畢。

三、船舶分級與檢驗

1. 船舶分級

　　船舶分級（classification）系統在於保護人命、財產及環境，使免於船舶運轉所造成的危害後果。船級有其規則與標準，分級所指即確認符合這些規則與標準當中的整套要求。分級的目標在於確認，終其一生，皆符合這些要求。船級所主要涵蓋的系統包括：

- 配置，包括區域分級與逃生，

• 緊急安全系統，
• 結構強度，包括船殼與上層結構（superstructure）、材料、焊接、成形及防蝕保護，
• 穩度（stability），
• 水密（watertight）與候密（weather-tight）及完整性（integrity），
• 海上使用的機器與系統，
• 海上使用的電氣裝配，
• 儀表與自動化（instrumentation and automation），以及
• 消防。

2. 船級社的角色

國際船級社（或稱為船級協會）為全世界所公認，有一定水平的安全與品質，能符合完整的基本安全標準。一般船級社為以下對於安全與品質，有以下特定單位的一套認證系統：
• 國家主管機關，
• 保險核保師（insurance underwriters），
• 船東，
• 造船廠與其承包商，
• 財務機構，及
• 租船業者。

3. 船級檢驗

(1) 初次檢驗

初次檢驗（initial survey）指的是，針對該船相關結構和機器設備的設計與建構，進行檢查，以確保該船符合規定，並適於執行預定的任務。

主要船級檢驗（main class survey）包括：
• 年度檢驗（annual survey），
• 中間檢驗（intermediate survey），及
• 更新／特別檢驗（renewal/special survey）。

萬一定期檢驗逾期，船級便會被自動終止（suspended）。

足期船級（full term class）證書效期為五年。在完成年度／中間檢驗，且在特別檢驗完成更新時，船級給予簽證。

主要船級檢驗當中的船級假設（class assumptions）包括：

- 妥適保養，
- 有損壞與缺陷即通知船級，
- 檢驗前適當的清潔與去垢，
- 適時通知並預留足夠時間進行檢驗，以及
- 安全接近，尤其需要特別靠近時。

(2) 年度檢驗

年度檢驗為針對船殼與設備，以及包括電氣與儀器在內的機械與系統的一般檢驗，要求船舶符合相關規範的要求，並且處於令人滿意的保養狀況。其重點包括：

- 針對船殼與設備的外部檢查與測試。檢查船殼、甲板、開啟與關閉裝置、下錨與設備、甲板管路配置等。
- 一般外部檢查與測試。針對機器空間、主機與系統、輔引擎、鍋爐／節熱器、壓力容器、舵機、電纜配置、緊急電力、鼓風機等的遙控停止等緊急系統、燃油泵、快關閥、滅火系統等的檢查。
- 確認船上的文件。

(3) 機器連續檢驗

機器連續檢驗（machinery continuous survey）為針對機器部件檢驗最常採取的方法。其相關重點包括：

- 機器檢驗循環為五年。
- 每年大檢驗項目大約占兩成。
- 檢驗根據船級社的機器項目清單實施。
- 檢驗方法一—目視檢查（visual examination），開啟或半開啟。
- 檢驗方法二—運轉測試（running test）。

・有些項目可由輪機長執行。

・輪機長檢驗的項目，會在下個循環當中由船級社驗船師進行檢驗。

・排海閥（overboard valves）與電氣設備會由船級社驗船師執行。

・保養歷史應建檔並保存，包括輪機日誌摘錄（logbook extract）、保養紀錄（record of maintenance）、磨耗量測表（wear measurement form）。

・必要時，驗船師可要求針對輪機長檢驗過的項目進行重驗（re-survey）。

(4) 機器計畫保養系統

　　通常船上會落實電腦化的機器計畫保養系統（Planned Maintenance System, PMS）。該 PMS 軟體會由船級社認可。其相關重點包括：

・輪機長由公司受船進行該檢驗。

・船上應能製作出保養歷史紀錄（maintenance history report）。

・所有主要大修工作（overhaul jobs）皆屬船級相關工作。

・主要大修工作的最長間隔爲五年。

(5) 機器狀況監測

　　機器狀況監測（condition monitoring）的重點包括：

・船上應落實經認可的狀況監測計畫。

・添加燃油分析計畫。

・潤滑油分析計畫。

・會提供電腦化的柴油引擎性能分析。

・船上會提供震動量測（vibration measuring）與分析設備。

・假使狀況無法維持，則可將狀況監測從 PMS 或 CMS 中取消。

(6) 鍋爐檢驗

　　定期輔鍋爐檢驗（boiler survey）包括以下重點：

・包括燃油鍋爐或排氣鍋爐。

・檢驗間隔爲 2.5 年。

・第一部分—內部檢查（internal examination）。

・第二部分—安全閥、功能測試、警報測試及切斷的調整。

- 若爲排氣鍋爐，安全閥的調整可由輪機長完成，並通知船級社，提出檢驗完成報告。

(7) 無人當值機艙

無人當值機艙（unmanned machinery space）的定期檢驗重點包括：

- 群組警報（group alarm）測試紀錄。
- 遙控推進系統。
- 輪機員警報。
- 火災偵測系統。
- 艙底水警報。
- 備便機器（standby machinery）、自動切換（auto change-over）、優先跳脫（preferential trip）。
- 校正設備（calibration equipment）。
- 計畫保養安排。
- 安全配員證書（Safe Manning Certificate）。

(8) 艉軸檢驗

定期艉軸檢驗（tail shaft survey）的重點包括：

- 執行間隔爲五年。
- 檢查推進器軸（propeller shaft）、軸承（bearing）、艉軸套（bush）、軸封配置（shaft sealing arrangement）。
- 若是以油潤滑的推進器軸採用認可的軸封格蘭（sealing glands），則每間隔檢驗可免抽出。

(9) 船底檢驗

船底檢驗（bottom survey）指的是船外殼最深水線（deepest water-line）以下的檢驗，其重點包括：

- 檢驗舵與螺槳。
- 側推進器，若有的話。
- 船側閥。

‧根據 SOLAS 船在五年循環內需進乾塢兩次。最大進塢間格爲 36 個月。

‧若有需要延期，需經船級社和掛旗國同意。

4. 更新檢驗

　　更新檢驗（renewal survey）指的是，針對該船的相關結構和機器設備進行檢查，以確保其狀況符合規定的要求。因此船東若有對船進行修改，應加以揭露並進行檢查。

5. 特別檢驗

　　特別檢驗（special survey）得於第四年度檢驗時開始，可持續進行，在第五年度日期前完成。

　　船級的更新檢驗與特別檢驗，包括廣泛檢查結構、主機和重要輔機的系統與設備，確認符合規定。針對船殼的檢查，一般都會輔以法規中明訂的厚度量測與測試監看。這主要在於確認，結構整體性維持有效，並找出任何嚴重的腐蝕（corrosion）、變形（deformation）、裂痕（fractures）、損壞（damages）或其他任何結構上的劣化（structural deterioration）情形。

6. 發證

　　經過法定檢驗後發給的證書包括：

‧噸位證書（Tonnage Certificate），

‧安全配員證書（Safe Manning Certificate），

‧註冊證書（Registration Certificate），

‧國際載重線證書（International Load-line Certificate），

‧安全結構證書（Safety Construction Certificate），

‧安全設備證書（Safety Equipment Certificate），

‧安全無線電證書（Safety Radio Certificate），

‧國際防止空氣汙染證書（International Air Pollution Prevention, IAPP Certificate），

‧國際安全管理證書（International Safety Management Certificate），以及

• 國際船舶保全證書（International Ship Security Certificate）。

四、船級授予（assignment）、維持（maintenance）、終止（suspension）及取消（withdrawal）

1. 授予船級

　　一艘船在完成合乎要求的檢驗後，即對該船授予船級。船上保有它，便可用來證明符合相關規定。以下是授予船級的一些情況：
• 完成新造，在執行符合要求的檢驗之後。
• 對一艘現成船，執行符合要求的檢驗之後。

2. 維持船級

　　已有船級的船須經檢驗以維持船級。這些檢驗包括：船籍更新（class renewal，亦稱為特別檢驗 special survey）、中間（intermediate）、年度（annual）、級船底／進塢（bottom/docking）檢驗（可在乾塢內或在水中）的船殼、艉軸、鍋爐、機器檢驗，以及針對維持其他額外的船級加註（class notations）的檢驗。

　　執行這些檢驗在於確認船殼、機器設備及器具，皆符合規定的要求。因此船東需負責在檢驗之間，確保船的保養，以維持在符合要求的狀況。

　　除此之外，若驗船師對於船的保養或狀況存有疑慮，或是經船東通知，有任何缺失或損壞，可能影響船級，而認定有需要，則可進行進一步的檢查與測試。

3. 終止船級

　　當發生以下情況之一或更多時，船級設可決定終止船級：
• 當該船未遵照規定要求進行運轉時。
• 當該船的乾舷少於設定值而欲出海時。
• 當船東在發現有足以影響船級的瑕疵或損壞，卻未要求檢驗時。
• 當在執行會影響船級的修理與改裝，卻未通知驗船師到場時。

此外，在以下情形下，船級也會被自動終止：

- 當船級的更新／特別檢驗在期限內未完成，或在特殊情形下所寬限的日期內未完成檢驗。
- 當年度或中間檢驗，未能在對應檢驗期限內完成時。

4. 取消船級

在以下情形下船級社會取消某船的船級（withdrawal of class）：

- 船東要求。
- 船級被終止超過六個月。
- 該船被開出推定全損（constructive total loss）報告，而船東並未試圖對該船進行船級恢復（re-instatement of class）的修船。
- 該船被開出遺失報告。

習題

1. 試摘要列述，一艘新船的建造過程。
2. 試述船舶分級（Classification）的目的。
3. 為備妥出海公試，需要對船上配置的裝備進行測試。試大致歸納列出這些主要設備。
4. 試列述各國際船級社（Class）的主要任務。
5. 試論述，尚未具有船級的一艘現成船，如何申請入級檢驗。
6. 請解釋以下各船舶檢驗：(1) 何謂中間檢驗（Intermediate Survey）；(2) 機械連續檢驗（Machinery Continuous Survey）；(3) 船底檢驗（Bottom Survey）；(4) 特別檢驗（Special Survey）。
7. 試論述，具有有效船級的某現成船，若要轉換到其他船級社，需要經過的入級過程。
8. 試列述一艘船的船級，在什麼情況下會被終止。
9. 列出在經過法定檢驗後，會發給各種證書，當中的五種。

第九章

船舶維護修理

　　船在海上完全獨立，無依無靠，輪機修理（marine engine repair）極為重要，不難理解。輪機維修包括大部分都由船上的輪機員執行的修理（repairing）和例行保養（routine maintenance）任務。所謂「保養重於修理」，避免臨時故障帶來的緊急修理需求，所仰賴的是輪機員平時的正常保養。而也因此，輪機員的最主要的基本工作，便是維持從機器到整個系統，在設定運轉參數下的正常運轉無誤。此為避免發生嚴重故障的根本。

　　此外，例如緊急發電機（emergency generator）、救生艇引擎（lifeboat engine）和消防泵（fire pump）等，這類影響航行安全的設備若無法正常運作，則可能遭到港口國管制（Port State Control, PSC）與船旗國（flag state）扣船和罰款。因此，船上須採取妥適的檢查和定期維護。

一、預防與應變維修

　　船舶維修，落實預防措施更重於應變維修。藉由定期保養，船上大多數問題皆得以預防。若長期忽略，則小問題也可快速演變成大問題。表 9-1 所列，為保養與修理對於船舶運作的影響。

表 9-1　保養與修理對於船舶運作的影響

維修因子	所導致的運作影響
維修成本	・增加維修成本，導致運作利潤減少 ・導致船必須要進正常運作範圍外的船廠，以致額外增加成本
維修期程	・因修不好，額外增加停工期（downtime） ・非運轉期間進廠 ・船進遠處船廠，以致拉長時間
維修品質	・因緊急修理導致品質不保 ・因設備性能差，導致運轉成本增加及收益減損
安全	・船員死傷及所導致的停工期與成本 ・嚴重的職業傷害及後續訴訟，所導致的法務費用及高額賠償
環境	・因環境汙染導致罰款與懲罰 ・船員因健康問題與對工作不滿，導致生產力減損

維修因子	所導致的運作影響
市場	▪ 因設備故障與停工期，導致貨物受損 ▪ 同上述原因，導致延遲交貨與受罰，乃至客戶流失 ▪ 由於停工期導致商機喪失及可能客戶流失

大多數一般性修理工作，靠輪機員即可完成，但有些工作則必須仰賴第三方專業單位。例如保養或拆下螺槳或推進器軸，屬相當困難的工作，一般都需要另外請專業人士幫忙。終究，除非是在緊急情況下，讓船安全且有效率的運轉，仍為首要。

二、修理類型

船上的修理工作，可依性質和範圍分成計畫修理、航行修理、事故修理三類。

1. 計畫修理

一般在於配合船舶的定期檢驗，擬定修理計畫，依計畫進行修理。

2. 航行修理

航修指的是，不包含在計畫當中的臨時性修理，在於解決船舶運行過程中，有可能影響到航行安全或運轉效能的局部故障。倘若船上無法自力進行修理，則可在不影響船舶營運前提下，利用靠港期間，交由船廠或航修隊實施。

3. 事故修理

船在發生事故後，會依照損壞情形，由驗船機構提出修理範圍與要求，進行修理。

若在修理後取得適航證明，則可接著進行臨時性修理，以節約成本。若損壞情況嚴重，則須依據當地條件與要求，決定修理方案。若事故修理時間正好接近計畫修理時間，則可考慮合併進行。重大事故修理，公司應派員監

修。

4. 故障維修

　　得不到妥適保養的船，當然更有可能需要進行所謂的故障維修。船上一旦出現例如某重要機器嚴重故障，以致該船無法順利發揮功能時，便必須緊急進塢，進行故障維修。

　　如此一來，這段維修期間，該船便完全無法執行任務。而且這類修理，所需花費的時間，會比進行例行維修要長許多。對於仰賴該船維持穩定收入的船公司而言，這段停工期所導致的巨大不利影響，不難想見。因此，為免這類因小失大，一些例行性船舶維修，或有些許不便，卻仍值得維持。

三、輪機修理工作實務

　　當船上的機械設備出現性能低落、運轉不正常或故障時，便須藉由輪機員自修或廠修（一般根據公司規定安排），以求復原。

1. 輪機修理需求

　　船上的輪機修理工作，大致包含例行保養和故障修理，以下簡述輪機修理的需求。

　　各輪機部件需經常檢查，並及時修理，以避免嚴重損壞及導致的後果。輪機人員須根據其對機器的了解，診斷的知識以及用來測試與翻修的技術，對機器進行修理。

　　為能維持機器應有的表現，並預防故障，須遵照說明書（manuals）進行保養。而各機器的維修，則需根據船上計劃保養系統（planned maintenance system, PMS）所定運轉時數為之。

　　為能順利完成輪機修理，首先須確保船上備有所需零件備品（spare parts）。一旦有缺，負責該設備的管輪便須提出訂單，進行補充。此外，尚須特別顧及緊急、安全和救命用的相關設備。

2. 輪機維修分工

　　輪機維修工作分成電氣（electrical）與機械（mechanical）二大類。這些維修，大多是為了維持整套輪機系統的有效表現，有些則是在於預防發生故障。

　　進行保養與修理，首先必須充分了解機器與系統的基本構造與原理。其次須具備診斷其運轉的知識，以及其測試與大修（testing and overhauling）的正確技術。

　　輪機維修有整套的計劃保養系統，當中針對各項輪機修理，都有其預設進行時間。輪機長根據需要進行的檢驗，擬定檢修計畫；大管輪則根據需要和保養計畫，擬定修理計畫。

　　圖 9-1 所示，為輪機員對主機進行吊缸（overhaul）的實景。一般進行輪機維修，靠的是由管輪和和銅匠或機匠、加油等組成的團隊，通力合作進

圖 9-1　主機吊缸實景

行。大致上，大管輪負責主機和機艙內各泵等；三管輪負責照顧空壓機和淨油機等；二管輪負責鍋爐和輔引擎（發電機）等。至於電氣設備，例如各馬達、電瓶、控制箱等，則可能由專職的電機師，或是各輪機員分頭負責。

　　進行較複雜、費時、費人力或需要用到特殊設備的輪機修理，有時需要仰賴岸上的輪機工程師，但仍需搭配船上輪機員的協助。

(1) 輪機員自修

　　輪機員可在船營運過程中或在進塢期間，自行修理機器設備。原則上，營運期間的自修，皆利用停泊期間進行，不可延誤營運時程。

　　當營運繁忙停泊時間短或船上人力不足且修理屬必要時，公司會給予適當停航檢修時間。有些情況，船公司也可派協力廠商，或隨船工程師與專案工作小組上船支援。

(2) 進廠修理

　　船在營運中，有些機器設備可能發生狀況，有危及船舶航行安全的顧慮，或是船級社經檢驗認定不合格，且輪機員無力修理的情形。這時便應進行廠修，以恢復正常運轉，滿足法定檢驗要求，保持船級。此外，萬一船發生嚴重事故，必然需要進行廠修。

3. 輪機修理要領

　　輪機修理主要在於拆卸與檢測，涉及修理品質、修理耗時及修理成本。在拆卸與檢測過程中，可一面確認故障的範圍、程度及故障原因。因此在拆卸過程中，應同時注意各零部件表面的油汙、積碳、色澤及水跡等線索。拆卸過程須依序、正確並力求平順，以確保零件完好，可順利裝復。

(1) 拆卸準備

　　拆卸前的準備工作，主要包括工具、起重機械和需用到的物料。工具包括通用和專用工具與量具和機器附配的輔助設備等。常用工具如各類大小板手、錘、鉗等，常用量具如內外徑分厘規、塞規、鋼直尺、游標卡尺等。

　　起重設備包括機艙內固定吊車、手動滑車、鋼纜繩索、撬桿、千斤頂等。使用這些起重設備，需特別留意選用適當重量規格者。

需要用到的物料包括用來支墊部件和包紮管口的木棍、木板、厚紙板、破布、塑膠部、塞子、棉紗、潤滑油等。

(2) 拆卸技術

爲確保順利拆卸與裝復，除了可一面照像記錄，技術上須做到以下幾項：

- 拆下的零件與拆開部位的保護：拆下的儀表、管子等零件，應妥善分類放置，切勿混雜，並將裸露的管口、螺牙等妥爲封閉、包覆，以防異物落入或造成損傷。
- 作記號與繫標籤：在拆下的零件上繫上標籤，註明所屬部件、順序等，並在各零部件相接位置作記號，可避免例如無法裝復或裝錯等麻煩後果。

(3) 拆卸安全

安全第一，拆卸過程中的安全注意事項舉例如下：

- 選用恰當工具。
- 注意吊起與移動安全。
- 注意隨時可能出現的晃動搖擺。
- 特別保護脆弱零件。
- 人員移動力求緩和穩定。

四、輪機維修實例

以下略舉主機、泵和熱交換器的主要保養、維修工作。

1. 主機保養

主機的基本保養涵蓋計畫性保養（planned maintenance），包括燃燒室（combustion chamber）內部的動態與靜態部位。以下所列，爲一些最常見的保養工作。

- 翻修並量測活塞環（piston rings）與活塞桿（piston rod）。
- 翻修並量測氣缸套（cylinder liner）。

- 翻修並量測排氣閥（exhaust valve）。
- 翻修並量測填料涵（stuffing box）。
- 翻修並量測連桿（connecting rod）與十字頭軸承（crosshead bearings）。
- 翻修並量測主軸承（main bearings）。

2. 離心式泵

送水泵幾乎皆為離心泵，其保養重點包括中心線與間隙的維持。中心線的維持即對中（alignment），在於藉著針盤量規（dial gauge），將二軸聯結（coupling）對齊。這其實也可利用一把鋼尺，即可進行。

此外，許多船公司未減輕保養需求及艙底水負荷，離心水泵皆捨傳統的填料函（gland stuffing box），改採機械式軸封（mechanical seal）。其保養，須以乾淨水輕洗密封面（seql faces），避免產生刮痕，造成漏洩。

3. 熱交換器

船上的熱交換器（heat exchanger）包括冷卻器（cooler）、加熱器（heater）及蒸發器（evaporator）與冷凝器（condenser），其保養大致為拆開、清潔及裝復。以下以中央冷卻器為例，分別列出主要步驟。

(1) 拆開

- 關閉所有進出口閥。
- 疏放（drain）清除內部空氣與水。
- 事先清潔上下導桿（guide bar）、聯箱滾子（header roller）、上緊螺栓（tightening bolt）螺牙，並上油脂（grease）。
- 量測並記錄二聯箱（上、下及兩側）之間的距離。
- 緩緩、對角鬆開上緊螺栓。
- 卸下上緊螺栓，並將疊板推到導桿開放的一端。

(2) 清潔

- 清潔聯箱和各板片。
- 板片須以軟質毛刷與水清洗。
- 整疊板片在拆開前，可先作記號以確保安裝時順序正確。

• 仔細檢查密合襯墊（gasket），必要時更新。

(3) 裝復

• 將確認乾淨的板片依序裝回。

• 將聯箱推至頂住板疊位置。

• 緩慢、對角依序上緊螺栓。

• 藉由量測、比較拆卸前的紀錄，一面確認所有板片皆妥適壓緊，外部呈現規則蜂巢狀。

【輪機小方塊】

輔鍋爐維修

　　進行鍋爐維修，須遵循製造廠說明書訂定的規則，及船級社所訂規範。任何維修在開始之前，須詳知所有重要警示與安全措施，並評估維修的風險。

　　鍋爐中的水，很容易受到例如油、鹽等的汙染。這些汙染物可導致腐蝕、結垢、堵塞等情況。由於該產汽系統涉及高溫與高壓，因此須經常停爐以進行清潔、檢查及修理。一旦維修完成，即可將鍋爐恢復運轉，但仍須經常檢查以確保其安全與有效率的運轉。

五、塢修

　　早在十世紀的宋朝，便有使用船塢修造船的紀錄。圖 9-2 所示，為船在乾塢內進行維修的實景。塢修（dry docking）屬例行工作，指的是船進乾塢，在塢內對浸在水線以下的船殼、舵、推進器及海底門等，平時無法看到和施工的部件，進行修理。

　　由於塢修須暫停營運且支出龐大，因此都會盡可能縮短時間。另方面，進塢屬船舶整體保養策略之關鍵，影響接下來的航行安全與效能，因此需由適合人員，進行詳盡且周延的計畫、準備，並對成本進行嚴格預估與控

管。

　　船進塢，須力求成本有效（cost effective），以符合船東、船級社的要求，並確保在顧及船員與乘客、編制外人員（supernumeraries）、貨物及船本身安全前提下，進行安全、可靠及有效率的運轉。

圖 9-2　船進塢進行維修實景

　　塢修有別於平時由船員進行的維修保養工作。優質、高效的塢修，是船舶正常運營和安全管理的重要保障。塢修檢驗結合定期檢驗或特別檢驗，也是船舶保持船級的必要過程。

1. 塢修工作簡介

　　塢修是修理船舶設備、恢復其運轉性能的重要環節。船舶長期航行，船體水線以下的船體表面，特別是船底會生鏽和生長海藻、貝類等生物，致使船體水下部分和船底表面髒汙與粗糙，增加船舶航行的阻力，降低航速。

　　此外，船一旦發生海損事故將造成船體變形、破損，並可能損及海底門箱、海底門和各排海閥等。因此，塢修工程主要包括船體除汙、除鏽油漆、損壞部位焊補，及海底門、軸系、螺槳與舵的檢修等。

　　船進行塢修的主要理由可歸納為：

- 遵循法令規定。
- 落實公司的品質政策（Quality Policy）及安全與環境政策（Safety and Environmental Policy）。

- 遵循當地修船業者的安全要求或規定。

　　進行塢修所須注意事項包括：

- 對船員和乘客公告必要的安全要求，指導使用相關安全設備，並舉行會議進行討論。
- 確定有根據 SOLAS Chapter II，在艙面船室（deckhouse）張貼滅火計畫（Fire Control Plan）。
- 根據公司的高溫加工程序（Hot Work Procedure）提供修理設施代表相關訊息。
- 簽屬由大副傳來的封閉艙間（enclosed spaces）的無氣證明（Gas Free Certificates）。
- 根據公司的規定授權在修理設施或修理艙位（repair berth）範圍內進行高溫加工。
- 船浮出或在塢內的穩度。
- 擬妥緊急程序及聯繫細節，並通知船員、乘客及編制外人員。
- 注意 X 光焊縫等測試程序的安全。
- 船的保全。
- 確定船在修理期間有妥適的人員當值。

2. 進塢前準備工作

　　為順利完成各項塢修工程項目，期能盡可能縮短期程和節約成本，船舶在進塢前必須完成以下準備工作：

- 擬定塢修項目修理單，提報公司審核，及選定塢修的船廠。
- 預訂塢修所需配件。
- 備妥塢修所需專用工具，例如拆裝螺槳帽專用扳手、拆裝中間軸法蘭螺栓專用扳手、移動中間與螺槳軸滾輪、量測螺槳下沉專用工具等。
- 備妥相關圖面等資料，例如進塢安排圖、螺槳與軸承圖、上次塢修檢驗報告等。
- 如需進行鍋爐檢驗，應在進塢前放淨爐水。

- 洽商例如出塢日期、岸電供應、岸水供應、臨時追加項目可能性及其餘塢修注意事項等。
- 妥善固定錨、救生艇、艉軸等所有可移動的物件。

3. 進塢後注意事項

　　船進塢後，應落實以下工作：

- 船體坐落在墩木上，需確認墩木、撐木牢靠。船體必須平衡臥在墩木上，不得有懸空現象。發現任何不正常情況，應立即向塢修工程師提出，以便及時修正。
- 塢內的水泵乾之後，必須對水線以下的工程項目逐項檢查，任何增減項目，應報告塢修工程師。
- 船員須嚴守塢內規定。例如未經塢長同意，不得移動船上物品、水或油品及墩木與撐木。不得擅接船上與船塢之間的電線、蒸汽管、壓縮空氣管和水管等。不得自行搭跳板和使用爐灶；不得使用船上的衛生設備和將垃圾倒入塢內。
- 注意防火，各艙室進行明火作業時應指派專人看守。
- 冬季進塢，應排出艙內和主、副機內殘留的水，以防凍裂損害。一些必須保溫的艙間，應視需要加以保溫。
- 艉軸或螺槳拆卸期間，應特別注意不得擅自碰觸機件，例如螺槳鎖緊螺帽等。
- 所有鷹架須牢靠無誤。有些位置應設安全網及防滑設施。尤其在檢修海底門（sea chest）時，須特別留意各閥及格柵。

4. 塢修項目

　　輪機塢修工程主要是船舶推進裝置、舵和水線下的閥件等的檢修。具體項目如下：

- 海底門箱檢查與修理。拆下格柵，檢查連線螺栓和螺帽。鋼板敲鏽出白，塗防鏽漆 2 至 3 度，箱內鋅塊換新。如鋼板鏽蝕嚴重，必要時應檢查厚度。鋼板換新後必須對海底門箱進行水壓試驗。

- 海底門檢查與修理。海底門、海水排海閥（overboard valves）、鍋爐排汙閥等水線以下各閥，應拆開清潔、除鏽。閥體在除鏽後塗防鏽漆 2 至 3 道。閥及閥座應研磨密封，如鏽蝕嚴重時可光車後再研磨，閥桿填料換新。檢查海底閥與閥箱的連線螺栓，鏽蝕嚴重時應換新。
- 螺槳檢查與修理。拆下螺槳進行檢查，槳葉表面拋光，測量螺距。槳葉如有變形應予矯正和做靜平衡試驗，如發現槳葉有裂紋和破損，需按螺槳修理標準進行焊補和修理。
- 螺槳軸與軸承。抽軸檢查時，應對螺槳軸的錐部進行探傷檢驗，檢查銅套是否密封，滑油密封裝置應換新密封圈。錐部的鍵槽和鍵應仔細檢查，換新時必須與鍵槽研配。測量軸承下沉量和軸承間隙，檢查軸承的磨損情況。
- 舵系檢查和修理。對舵桿、舵軸承、舵葉、舵梢、密封填料裝置進行檢查，如發現缺損、碰撞等缺陷，及時進行修復。

　　為保持船級，還應按照相關入級與建造規範，要求定期進行塢內檢驗、螺槳軸和艉軸檢驗。檢驗間隔期一般不超過 5 年。以上兩項保持船級檢驗，均需船舶進塢完成，船級檢驗可以與船舶塢修結合進行。

5. 每日進展與安全會議

　　在塢修期間，每天應安排修船設施代表（repair facility representatives）、船東代表（owner representative）及船上人員一起開會。會議中討論的議題包括：
- 工作清單項目進展。
- 當天進行的工作項目。
- 工作規範調整、修訂。
- 審視安全與環境保護要求。
- 船東所同意，接下來的開會時間。

6. 塢修驗收

　　塢修工程的驗收主要分成品質檢查驗收、測量紀錄驗收及驗船師的檢

驗。

　　針對工程品質，例如各海底閥和排海閥的閥與閥座的密合面，皆必須經過輪機輪仔細檢查確認，始可裝復。對各修理項目，皆應依照修理單所要求的，檢查其修理品質，必要時並進行運轉與水壓試驗。

　　針對各測量紀錄，包括螺槳螺距量測與靜平衡試驗、艉軸下沉與間隙、軸系中線校正及舵軸承間隙等，以及其餘檢驗的測量紀錄，皆須提交輪機長。

7. 出塢檢查

　　出塢前，船長、大副、輪機長及監修官，應會同塢長、油漆廠商檢驗員及修船經理，對乾塢進行最後檢查，以確保所有進塢工作皆已完成，且船已處可浮出的情況。

　　正當船要出塢之前，應對下列修理工程仔細檢查，認可後始允許出塢。

- 檢查所有船底與舵的旋塞，皆已裝妥（這些旋塞應由大副負責保管）。
- 所有排水孔塞（scupper plug）皆已移除。
- 所有在乾塢內的施工設備、器具皆已移除。
- 檢查海底門箱的格柵是否裝妥，箱中是否有遺忘的工具、雜物。所有海底門和排海閥是否裝妥。
- 檢查舵、螺槳和艉軸是否裝妥，保護將軍螺帽是否塗水泥。艉軸密封裝置裝妥後做油壓試驗、轉舵試驗。
- 檢查船底塞及各處鋅板是否裝妥。
- 放水前，應關閉全部排海閥。塢內進水後，應檢查各排海閥及管路，並分別開啓各閥，檢查管路是否漏水。
- 塢內進水後，對海水系統卸除空氣，使其充滿海水。
- 冷卻系統、燃油與滑油系統正常運作後，啓動柴油發電機，切斷岸電，由船上自行供電。

　　出塢後，待船舶靜漂超過 24 小時，使船舶恢復彈性變形後，進行軸線檢查。

8. 計畫及取得許可前的階段

　　下次進塢的準備計畫，可從出塢後首日開始進行。在塢修期間無法完成的相關項目，會連同新項目移至新的缺點清單（defect list）內。船上管理團隊（Shipboard Management Team, SMT）應負責將相關資訊納入缺點報告（defect report）內，提供給辦公室。

習題

1. 試論述，為什麼輪機保養與修理工作非常重要。
2. 試解釋什麼是：(1) 計畫修理；(2) 航行修理；(3) 事故修理。
3. 試說明哪些修理工作適合由輪機員自行進行，哪些適合進廠修理。
4. 試列述進行輪機修理工作，在拆卸過程中的安全注意事項。
5. 什麼是塢修？塢修的工作內容主要有哪些？

第十章

輪機工作安全

一、船上的個人安全

在船上，注意個人安全，例如小心在各處移動，妥善使用安全裝備及穩當的搬運重物，皆可避免造成個人受傷。以下敘述維護個人安全，首先必須遵守的事項。

穿著具保護作用的服裝

在船上應穿著舒適、合身的服裝。衣褲過於寬鬆，很容易捲進機器，導致受傷。在船上隨時穿著防滑鞋，可防止滑跤。帶適當的手套工作，可避免皮膚暴露在熱、尖銳凸緣等。

工作中的穿著，總的來說，身體覆蓋愈完全愈好。戴上適當的手套，以防像是繩索、鋒利或粗糙邊緣及酸等化學品等造成的傷害。但太濕或油膩的手套卻可能滑手，應特別小心，尤其是爬梯子時。身上一些像是口袋、繫帶、錶帶、手鍊等都有可能捲進轉動的機器內。

工作人員若需進行危險工作，必須先取得適合的保護裝備，以將風險降到可接受的程度。因此，這些設備應符合以下要求：

• 符合標準要求。
• 合於該工作人員穿著。
• 能和該工作人員需配帶的其他裝備相容。
• 能很容易取得、妥善存放與保養。
• 個人保護裝備。

個人防護裝備包括：安全頭盔（safety helmet）、安全鞋（safety foot-wear）、護目鏡（goggle）、耳塞（ear muff）、安全帶（safety harness）、救生衣（life jacket）等。用於危害性大氣當中的防塵面罩（dust musk），亦為重要安全裝備。船員都應清楚知道這些裝備所在位置，以及如何使用，並需定期檢查，以確定其功能正常及放置位置。

穿著具防滑功能的工業安全鞋。各式拖鞋，一方面不具保護功能，同時也可增添滑倒或跌跤的風險，不適合船上穿著。

保護頭部，應戴上合適的安全頭盔。進行電焊、研磨、除鏽垢及有化學

品噴濺風險時，皆應戴妥護目鏡。在機艙等高噪音的環境工作，應戴妥保護聽力的耳罩或耳塞。另外，在粉塵、噴漆或具毒性空氣中工作，應戴妥防塵面罩、呼吸輔助器。

表 10-1　船上防護裝備標準

工作活動	提供的防護服裝與裝備	全名
可因掉落或移動物品對頭部構成傷害.	頭部保護	工業安全頭盔
在一有機器設備運轉，噪音程度超過 85 分貝（dB）的空間工作	聽力保護	耳罩、耳塞
焊接與氣體切割	在焊接與相關過程中，對眼與臉的保護	用於焊接的人員眼部保護服裝與裝備
電焊	安全鞋	輕量膠鞋、靴
在可能危及健康的大氣中工作活動	保護免於吸入粉塵、微粒及低毒性塵埃的呼吸器	呼吸保護裝置包括：全罩式面罩、半罩式面罩及四分之一罩式面罩，含氣體濾清器
保護免於吸入毒性粉塵	電動粉塵呼吸器、電動粉塵罩	具備電力輔助的微粒濾清裝置，結合全罩式面罩、半罩式面罩及四分之一罩式面罩
保護免於吸入高毒性空氣，或缺氧	呼吸輔助器（breathing apparatus, BA）	自救用呼吸保護裝置，內件開放迴路壓縮空氣呼吸輔助器，結合外罩
在具有腐蝕性物質或因皮膚吸收而造成受傷風險的範圍內工作	全身保護，包括手套、頭罩等	緊密相連的保護性服裝，針對液體化學品保護全身
保護免於可能導致手受傷的風險	手部保護	針對化學品與微生物的防護手套
保護免於可能導致腳受傷的風險	腳部保護	專業用安全鞋
在可能從超過 2 米的距離墜落的場所工作	安全帶或背心	防墜落網，節和彈性扣繫繩

　　船上的其他安全裝備，還包括救生艇、滅火器、防火衣、呼吸輔助器、急救包、遇險求救信號裝置等。此外，船員應受足使用通信設備的訓練，並經常對這些設備進行檢查，確保好用。

二、確保人員安全

1. 工作健康與安全

(1) 健康

　　不只在船上，維持體態與健康的重要性不言可喻。生病會降低對工作的專注力，因而增加事故的風險。而身心健康，需仰賴維持工作、休閒、正常作息、飲食營養、睡眠之間的平衡。

　　爲了保護船員的健康與安全，船公司應做到以下：

- 在實務上遵循相關安全標準與規範。
- 確保機器設備皆爲安全。
- 確保船舶的人員配置符合安全，且所有船員皆符合必要的資格。
- 船上具備正確的緊急應變程序和設備。
- 船上提供健康保護及醫療照護。
- 定期進行風險評估。
- 提供必要的保護服裝與裝備。
- 監測海事安全資訊廣播。
- 針對健康與安全事項，對船員或其代表進行諮商。
- 提供健康與安全訓練。

【輪機小方塊】

事故實例——在進行維修前，未妥善隔離導致二死三傷

英國籍商船靠港時，進行節熱器保養，卻未先將水疏放掉。原先在航行中主機運轉，爲了防止受壓，其左右舷節熱器的安全閥，皆被裝

> 置提起。只是，左舷節熱器的安全閥桿，卻因腐蝕加上鍋爐泥渣累積而卡住、關閉。
>
> 　但在手輪處的閥位置指示器，卻指出閥在全開位置。經過一段時間後，該左舷節熱器因壓力過高而最終損毀。其沿著腐蝕疲勞的一圈裂痕爆破，噴出熱水和蒸汽，到附近工作人員身上，造成嚴重死傷。

(2) 安全標識

　船上會標示出特定的健康與安全標誌，例如緊急逃生或危險警告等標誌。這些標誌皆須符合法規要求。

(3) 准許工作系統

　准許工作系統（Permit to work）系統在於降低船上工作發生意外的風險。根據此系統，船員應在進行例如以下危險性任務之前，先取得大副的手寫許可。

- 在船舷以外高處工作。
- 進行鍋爐工作。
- 熱工（hot work），例如電焊等可造成燃焰材質點燃的工作。
- 進入封閉艙間。
- 電氣測試。

(4) 舉起和搬運

　不正確的舉起、拉抬和搬運重物，都可能造成受傷，影響工作甚鉅。這時須提醒自己，腿力比背力強得多，所以應讓腿而非背吃力。這些工作的基本動作包括：

- 雙腳靠近重物，微微張開，如此舉起時上身可盡可能保持伸直。
- 彎膝，直背，確定讓腳吃力。
- 用整個手掌而非手指抓重物。必要時可先在重物下方墊一塊木頭。
- 靠著伸直腿，讓重物盡量靠近身體，舉起重物。
- 若是太重，找人幫忙。

‧若是看不清前方，千萬不可搬運重物前進。

(5) 在船上移動

　　船上大多數意外，都是滑倒、絆倒或墜落造成。所以在船上甲板、機艙等各部位移動，應隨時注意地滑、阻礙物和開口等，並須對船上會突然出現的晃動保持警覺。走在樓梯或艙梯上，應保持一手空著用來抓扶手。

　　養成隨時清除地面油漬的習慣，一方面在防止滑倒，同時也可盡速找出油漬來源。認合有人員墜落之虞的開放艙口或機艙地板，應設置有效護欄。在船上的工作或移動範圍內應設置適當的照明。

　　此外，航行中的船偶而會出現突然間的搖晃。這時船上一些未妥善繫牢的物件會產生位移，而可傷及人員。因此須隨時注意一些滑動的墊子、不牢靠的欄杆等可能導致人員滑倒的跡象。尤其是在惡劣天候情況下，在船上走動，必須謹守「留一手」抓住船的基本原則。

(6) 進入封閉艙間

　　船上許多封閉艙間（enclosed spaces）都可能缺氧含存在毒性氣體。許多致死事故，都起因於人員進入這類艙間。這類艙間包括，含有鐵鏽、木屑、油脂甚至蔬果的貨艙。

　　未經船長或船長授權的大副等人允許，絕不可進入封閉艙間。獲准進入，必須遵循標準程序，進行充分通風及空氣檢測等，方可進入。

　　萬一你在此艙間內，感覺頭昏或呼吸困難，應立即脫離現場。若你正好是在外面看守，卻發現裡面的人昏厥，應立即發出警示求救，切勿冒然進入。進入搶救之前，必須戴妥呼吸輔助器（breathing apparatus, BA）。

(7) 手工具

　　工欲善其事必先利其器，選擇對的工具，並保持工具處在乾淨、良好的狀態，是工作安全與順利的根本。因此，這些工具在平時，便須有條理的儲存在工具架上或工具箱內。例如用來切斷的刀口，須妥善保護。

　　使用工具，首重安全。例如絕不在潮濕情況下，使用電動工具。讓電線和氣油壓軟管遠離鋒利凸緣和高溫，或任何可造成這些管與線損傷的東

西。若管、線須通過門口，應確保門保持開啓。若須行經甲板或通道，則應將其懸吊到足夠讓人從下方通過的高度。

此外，未能妥善保養、管理和使用動力工具，亦可構成危險。而在使用之前，必須先檢視這些工具及其管、線。

(8) 電焊與火焰切割操作

操作人員應具資格，熟悉設備並穿戴適合的防護配備。一般而言，在工作間以外的場所進行電焊與火焰切割，皆須事先取得許可。操作過程中，滅火器須保持在身邊。

(9) 油漆

油漆可能含有毒性或刺激性，有些溶劑除了有毒，甚至會產生可著火或爆炸的蒸發氣體。所以在使用這些油漆和溶劑之前，應先詳閱廠商的說明。進行油漆工作，應盡可能保持週遭通風良好。必要時並須穿著具防護功能的服裝，尤其是對眼睛的防護。在此空間內不可吸菸。用剩的油漆和油漆刷，應盡速送回收存。

(10) 重物掉落和位移

在船上經常發生被重物砸中或擠壓，導致嚴重受傷的事故。防範的基本原則，在於隨時隨地注意到這類事故的可能性，並採取有效的預防措施。例如將可能滑動或移動的東西，切實繫牢。隨時將門扣上，不讓它自由擺盪；艙蓋打開，隨手扣住。吊掛用的掛鉤，隨時扣牢。懸吊或擺盪的重物下方，應保持淨空；待人員通過後，再行起吊。

(11) 機器工作

機器上的所有危險部件，都應加以圍攔，始可使用。特別留意油的漏洩或噴濺及油汙垃圾的累積。專用機器艙間和冷凍間，未經許可不得單獨進入。相關預警事項應張貼在門口，並嚴格遵守。

要對機器進行任何維修，首須切斷電源，以防其意外起動。針對加壓系統，在拆開之前，首須確認系統中的壓力已全部洩除。維修過程中，在控制室內張貼告示，公告之。須再次提醒：除了合格人員，任何人不得試圖對該

機器進行維修。

(12) 鍋爐回火

　　鍋爐的運轉指引應張貼在鍋爐間內。預防點火時發生回火（blow-back），應嚴格遵循正確的點火程序（flashing-up procedure）。

(13) 電氣危害

　　由於潮濕與高溫的環境加上人員流汗，在船上進行電氣設備相關工作，電擊的風險亦跟著提高。在此情況下，有時即便電壓低到 60 V，仍有可能造成嚴重電擊。

　　在開始對電氣設備施工之前，首須將插頭從插座上拔除，將斷路器扣住，並做檢測確認電路沒電。

　　除非絕對必要，否則千萬不要對「活」的，也就是尚未斷電的設備施工。而在此情形下，要避免以裸露的金屬接觸，除掉手錶和戒指，並盡量讓人站在乾絕緣墊上。

　　以溶劑清潔電氣設備必須很小心，並遵循廠家的指示。有些溶劑具毒性，例如本應不使用的四氯化碳（carbon tetrachloride）。電瓶充電時，會產生氫、氧氣體，其混合物具爆炸性。因此，須特別注意，此空間內不得有裸火或使用可攜式電燈或可能產生火花的工具。電瓶的電解液無論酸性或鹼性，皆具強腐蝕性，應避免接觸。

(14) 噪音與震動

　　須找出在船上遭受噪音與震動風險的人，以及可減輕或消除該風險的做為。工作人員必須被告知以下事項：
・噪音與震動風險的實際情況。
・如何消除或減輕源自噪音與震動的風險。
・正確使用任何保護裝備。
・如何偵測並報告受傷的徵狀。

2. 防止意外和受傷

　　在維修過程中，工作人員難免會暴露在有害物質、電擊、墜落、火

警、爆炸及封閉空間等重大風險當中。因此，遵循最佳措施以防止在過程中發生意外及人員受傷，極為重要。以下舉其中一些實例。

(1) 認清和接近危險

在開始進行認何維護或修理工作之前，首先須認清在設備、材料、工具、環境及施做程序當中，潛在著的危險。例如，應先檢查是否有腐蝕、漏洩、破裂、鬆動部分、尖銳邊緣、燃焰或毒性物質、具能量迴路、動態機器及通風等問題。

同時，你還須考慮天候狀況、工作現場的位置和可及性，以及緊急狀況下是否能得到支援。在經過這些評估之後，應決定出風險的程度，以及用以消除或減至最小的妥適掌控措施。

(2) 遵守安全工作程序

安全工作程序指的是針對某特定任務或運轉，所列出必須遵循的步驟與警語。其在於藉著提供清楚且一致的指引，以防止意外與受傷，或將該風險降至最低。

工作人員須在開始進行任何維修工作之前，首先閱讀並認清該安全工作程序。你接著便須遵守它，並將遇到的任何偏差或問題，向主管或經理報告。此外，只要在設備、材料、工具或採行方法上有所變更，你還須定期更新並審閱該工作程序。

(3) 妥適使用與放置工具

可攜帶式工具和設備必須用雙手搬運。若是上下樓梯，應以工具帶搬運，空出一手來抓住扶手。使用這些像是電鑽與電焊機等動力工具之前，應先完成檢查。工作之前，應先設置安全防護欄。此外，手提式滅火器等滅火設備，亦須保持在身邊，以備不時之需。

(4) 和他人溝通與合作

溝通與合作在確保人員的工作安全上，相當重要。你應隨時通知你的上司或經理官於你的工作計畫、時間表、工作位置及進度。同時你還須和同事和其他例如承包商、工程師、驗船師或操作人員等溝通。溝通時，應採取清

楚、扼要的語言，並避免造成任何誤導。若發現任何錯誤、事故、受傷或顧慮，皆須盡快向上司或經理報告。

(5) 自我訓練與教育

訓練與教育是個人強化保養修理工作過程安全，相關技術、知識及警覺性的關鍵因素。身為一名輪機員，除了隨時從上司與同事，尋求進步的機會外，還應持續學習，更新與船舶維修有關的最新標準、規範及最佳實務的知識。最重要的，應從自己和他人的經驗與錯誤當中，學習如何記取教訓，用在自己的工作上。

(6) 保持健康與正面的態度

個人的態度與行為，會對維修保養工作過程，構成相當重大的影響。個人應保持健康與正面的態度，以反映出自己的承諾、責任感及專業。相反的，個人應避免任何負面或具風險的行為，包括像是自滿、疲勞、壓力、憤怒或濫用藥物。

至於表現出正面與健康的行為，指的是例如，事前的規劃、設定務實的目標、適度休息、管控情緒和尋求幫忙等。如此將可望持續改進個人表現、士氣及各方面的安全性。

三、安全管理系統

機艙為一艘船的動力中心，存在著各種複雜狀況，一旦出差錯，可傷及人員並導致嚴重機械故障，進而全船停擺，甚至危及全船人命。因此，在機艙乃至整艘船上，切實落實「安全第一」至為重要。

為落實安全，船公司都會為船上提供一套安全管理系統（Safety Management System, SMS），當中涵蓋機器和系統，在準備進行維護之前的隔離與準備的詳細程序。這套程序的首要考量，在於保護人員的安全，其次為環境保護。因此這套程序應包含針對所有機器與系統，在維護過程中，可能對人員或環境可能構成的危害。

除此之外，船公司還應建立一套，可驗證是否遵循這套程序與指引，例如檢查表等的查核系統。這整套 SMS 實乃船上機艙的高效能、乾淨且安全運轉的重要基礎。否則，機艙內即形同隨時潛藏著，包括以下情況在內的事故風險：

- 堵住逃生路線：緊急情況下危及人員疏散。
- 廢棄物或垃圾嚴重累積：容易引發火災。
- 不安全的甲板片：沾油、滑動、生鏽或鬆脫皆可導致人員滑跤，以致嚴重受傷。
- 門卡住：因絞鏈等磨損、生鏽，阻礙進出。
- 高處工作危險：例如欄杆等防墜落設施失效，以致在工作中從高處墜落。

落實 SMS 有助於降低、控管上述風險。很重要的一點是，讓每位船員手邊都有一份 SMS。此外，以下也是很重要的機艙安全實務：

- 處置油汙的積極主動作為。
- 安全的艙底水管理及艙底水區域的清潔保養。
- 防火安全措施與警覺性。

1. 妥善處置沾油材料

妥善管理機艙週遭任何沾油的物質，為船上 SMS 的一項重要做為。不當處置沾油物，除可能帶來違反環境法規乃至船上失火等危害，對於長期暴露其中的船員健康，也可構成威脅。機艙內棄物管理的相關方法，應涵蓋：

- 汙水和廢液處置：未經處理的廢液不得排出船外。
- 固體廢棄物儲存：一般而言，與機艙相關的固體廢棄物皆不得海拋。在船上必須有垃圾處存間和不鏽鋼暫存櫃，可在靠岸時送出。任何從機艙產生的油泥，必須封閉儲存在專用油泥櫃內，接著泵送到岸上設施。
- 艙底水（bilge water）：機艙內鍋爐等各設備產生的疏漏水（drain water）匯聚到艙底水系統（bilge system），藉由油水分離器（oily water separator, OWS）進行處理到合乎排放標準，再排海。
- 受油沾汙材料：機艙內產生的諸如破布等沾油材料，必須遵循環境法令進

行處置，不得海拋，危及海洋環境。一般允許的處置技術包括以船上焚化爐（incinerators）處置，或趁靠岸時交由岸上設施處置。

2. 艙底水管理

機艙內的艙底水井（bilge wells）收集的艙底水，仰賴 OWS 將油與油泥（sludge）從水中分開。為能確保包含艙底水收集、泵送及分離等過程正常運作，此艙底水井區域必須妥善管理。

未妥善管理的機艙艙底水系統，將提升火災、汙染及危害船員健康等的風險。嚴重時，港口檢查員可因此，將船無限期扣留。妥善管理機艙艙底水系統，應落實以下實務：

- 優化 OWS：由合格人員經常監控和保養 OWS，初段清潔艙底水櫃，並檢查例如加熱盤管、機械密封及進口管等重要部件。
- 清潔與油漆艙底水區：選用明亮顏色，利於顯示油等液體的漏洩情況。
- 設置滴漏盤：設在洩漏處，以防影響其他管路及泵等。
- 將化學品與溶劑廢料分開：艙底水系統中的 OWS、泵、櫃等皆對酸鹼敏感，應防止與其作用。
- 監控其他材質廢料分離系統：避免鍋爐吹放等不利材質，進入艙底水儲存櫃。

3. 防止火災

船上發生火災的主要原因，可分類如下。

(1) 機器與電氣設備

- 腐蝕、損壞等原因造成短路。
- 用電超過負載。
- 電器發熱點燃附近可燃物品。
- 艙間溫度過高。
- 漏水、油造成短路引發電火。
- 馬達過熱、漏電。
- 電瓶間累積氫氣引發爆炸。

(2) 達燃燒條件引發自燃

・油漆、殘油、溶劑、破布等在高溫環境中。

・煤炭、木屑、穀物等裝載貨物或其殘渣。

(3) 艙間、櫃和管路與設備等的交互影響引發連鎖反應起火或爆炸

・貨艙內蒸發氣體累積，遇焊接等高溫或電火花。

・鍋爐、壓縮空氣瓶等壓力容器。

・柴油引擎等運轉機器累積油氣。

(4) 人為疏失

・貨物裝卸不當。

・靜電著火。

・機器修理、焊接、切割。

・廚房爐火、洗衣間烘衣機、床上抽菸等。

(5) 海事事故

四、船上的防火系統

　　船上的防火，靠的是偵測與滅火設備，加上在結構上具備限制火勢的功能，並搭配防止擴散的耐燃材料。以下摘要整理船上的防火設備和相關指引。

1. 滅火總管及相關機制

(1) 滅火總管（fire main）

　　當火勢達到一定程度，非手提式滅火器足以撲滅時，便需以這類固定式滅火裝置進行滅火。其供應水至位於船上各部位的消防栓（hydrants），經由水龍帶，進行滅火。此系統中的水，供自兩部各自獨立的泵。

(2) 機艙內的CO_2滅火系統

　　受壓儲存的 CO_2 系統分佈在船上的貨艙、機艙及鍋爐艙間。其在於隔離空氣中的氧，導致窒息滅火。配置壓縮空氣除氣槽的艙間，需額外增加

CO_2 供應量，以應付壓縮空氣洩出後導致氧量增加。

若火勢太嚴重，則必須立即從機艙疏散，並採用 CO_2 系統。在釋放 CO_2 之前，必須確定人員已全部從機艙撤出，接著關閉所有機艙開口和通風蓋，讓機艙完全封閉。

2. 落實消防安全預防措施

防火為機艙安全之首。一艘船無論正處靠泊或航行中，火警是人命安全的最大威脅，因此應列為本船 SMS 的第一優先，並涵蓋以下三類：

- 制定油品處置政策。
- 偵知漏油。
- 持續進行管路保養。

(1) 制定油品處置政策

燃油屬有害廢棄物，因此必須根據相關法規進行處製。當今船上大多利用焚化爐以處置油泥和廢油，相關政策包括：

- 以專用容器收集沾油破布等材料。
- 回收用過的濾油器，交由岸上回收。
- 濾除所有可燃液體，並以安全、穩妥容器暫存，交由岸上處置。

(2) 偵知漏油

所有船上火災當中，半數以上皆源自於機艙內高壓燃油管路。透過以下方法可及早偵得燃料漏洩，避免釀成嚴重災難。

- 進行漏洩試驗：壓力試驗（pressure test）與緊度試驗（tightness test）。
- 感測器與儀表監測。
- 認清燃料風險：超低硫船用燃油比重燃油更容易漏洩。在換用低硫油時，必須特別注意，隨時準備修理相關管路。

(3) 持續進行管路保養

防止火災，機艙內管路保養重點包括：

- 包覆隔熱材：蒸汽管、燃油管及排氣管。
- 檢查管路支架確保穩固：藉以將震動導致的影響減至最低。

- 檢查管路絕緣的品質與狀況：靠近燃油部位需經常檢查。
- 測試以確保消防水管在緊急情況下可正常運作。

3. 防火與滅火

　　火警可謂海上最嚴重的災害之一。保持整潔是防火的根本。以下舉例敘述一些，容易導致火警的真實狀況：

- 堆積沾油破布有可能自燃。
- 在住艙內存放油漆或溶劑。
- 讓衣物直接靠近熱源。
- 任意丟棄未熄滅的香煙、火柴。
- 在床上抽菸。
- 電器故障或過載失火。
- 漏油噴濺到機器上失火。

　　萬一發現失火，應立即按警鈴通報。若可能，可以手提式滅火器（portable fire extinguisher）滅火。聽到火警警報，應立即到緊急集合站集合。若身陷在煙幕當中，應以弄濕的衣物蓋住口鼻，爬到通風良好處。平時就應注意船上的緊急出口，以備緊急時逃生。火災偵測器有其需要，除非是換新，否則切勿將其電池移除。

(1) 手提式滅火器

　　平時就應學習如何使用手提式滅火器，以備緊急時可立即用上。首先該知道的，便是以哪種滅火器，撲滅甚麼類型的火。用錯滅火器，可導致嚴重後果。接著，選好位置，讓自己在必要時，可有退路，安全撤離。

(2) 水滅火器

　　一般像是木材、布、紙等著火，皆可以水撲滅。但任何電器或液體著火，切勿以水滅火。

(3) 泡沫滅火器

　　泡沫滅火器（foam extinguishers）在於以一層泡沫，將火包覆住，以隔離空氣。其可用於燃燒的液體，但接電的電器著火則不行。

(4) 乾粉或二氧化碳滅火器

乾粉滅火器（dry powder extinguishers）和二氧化碳滅火器（CO$_2$ extinguishers）皆在於消耗氧氣滅火。其適用於電火與油等液體火。

(5) 無人當值機艙的火警偵測器

無人當值機艙（unmanned machinery spaces）內可能設置以下幾種火警偵測器。

- 煙偵測器（smoke detector）：以一光電電池（photo-electric cell）偵測被煙遮斷的情形。其無法偵測不可見的燃燒產物、熱或火焰。
- 離子化燃燒產物偵測器（ionization chamber combustion products detectors）：機艙內用的最多的便是離子化燃燒產物偵測器。其在於偵測燃燒顆粒造成的電流變化。
- 火焰偵測器（flame detector）：火焰偵測器在於利用對紅外光或紫外光敏感的光導體，以偵測火焰。
- 熱偵測器（heat sensors）：以具高膨脹係數的黃銅與鎳鐵合金製成的熱感測器受熱會變形，導通電流，起動警報。

五、損害管制

1. 損管目標

船上進行損害管制（damage control）的基本目的包括：預防、最小化及復原。預防在於在損害發生之前，即採取例如維持水密性、保留漂浮能力及穩定性等措施。

最小化在於採取控制泛水措施、保持平衡與漂浮能力，以找出損害並將其減至最小。復原則在於，在受損之後，以最短時間進行緊急修復與復原。

採取以下必要步驟，則可望達成上述損管目標。

- 保持穩定性。
- 保持水密整體性（漂浮能力）。

- 控制傾斜（list）與俯仰差（trim）。
- 將重要系統保持有效隔離。
- 防止、隔離、撲滅並去除火勢的影響。
- 幫助受傷人員。
- 緊急修理結構與設備。

2. 發生損害應採取的行動

　　萬船上一發生損害，應採取以下措施，以確保其水密完整性：

- 關閉所有水密門（watertight doors）與艙蓋（hatches）：除從駕駛台監控，並須由專人到現場確認。
- 關閉所有候密開口（weather tight openings）：包括關閉通風口。
- 關閉所有不需用來泵送的閥門。
- 檢查損害範圍。
- 對浸水艙間量深。
- 讀吃水：包括艏舯艉吃水。
- 計算進水率。
- 使用泵抽水：包括艙底水泵、壓艙水泵、雜用泵、滅火泵、主冷卻水泵，依進水率和泵水容量計算結果選擇使用。
- 使用裝載電腦（loading computer）：用以估算損害後的船舶穩度與強度。
- 液體輸送：在此之前，先確認從壓載艙抽水或泵入水，對於船的穩度不致構成不利影響。

習題

1. 試列述輪機維修工作人員，穿著的保護裝備應符合哪些要求。
2. 試列述進行舉起和搬運工作，正確的基本動作。
3. 試論述在船上移動，主要應注意哪些事情。
4. 試論述在船上進入封閉艙間，主要應注意哪些事情。

5.試解釋什麼是船上的安全管理系統（Safety Management System, SMS），並論述 SMS 為什麼重要。

6.試論述機艙艙底水系統的管理為什麼很重要。

7.試列述如何落實機艙艙底水系統的管理。

8.試扼要列述設置在無人當值機艙（unmanned machinery spaces）內的火警偵測器。

第十一章

輪機工作與生活

　　當今一般貨船至少有 18 名，多則大約二十幾名船員。貨船上偶而也會有 3 至 5 幾名乘客。圖 11-1 所示，為一般貨船上的船員組成。全船由船長指揮，分成輪機部門（engine department）和航海部門（deck department）。航海部門人員包括船副（officers）和圖上右側列出的水手長（boatswain, bosun）等乙級船員（ratings）。

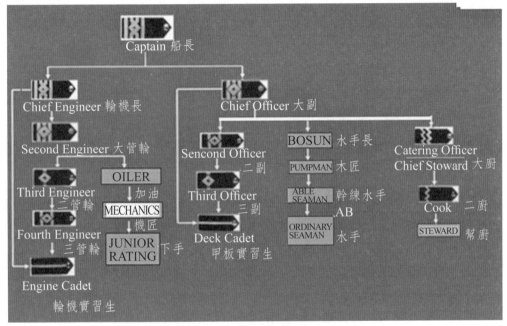

圖 11-1　一般商船船員組成

一、輪機人員與職掌

　　從圖上可看出輪機部門，由輪機長（chief engineer, 1st engineer ）領導，的管輪（engineers, engineering officers）和乙級船員。

　　船上有屬於甲級船員的輪機員（或統稱為管輪，marine engineers），搭配機匠（motorman）、加油（oiler）、銅匠（fitter）等乙級船員從事輪機相關工作。這些管輪包括：大管輪（second engineer）、二管輪（third engineer）、三管輪（fourth engineer）。其中，輪機長和大管輪屬於管理級（management level officers）、二管輪和三管輪屬操作級管輪（operational level engineers）。

　　船上有許多機械系統，例如推進系統、電氣與發電系統、潤滑系統、造水系統、照明與空調系統等。這些都涵蓋在管輪的技術責任當中。因此，船上管輪的任務可涵蓋：

- 監控和維護機械系統：船上各階輪機員都有其被分派的特定機器和系統，須負責監控與保養。
- 除了須確保機艙內被分派的機器隨時可正常運轉，另外尚須維護一些甲板上的機器。
- 記錄與保養計畫：輪機部門團隊須協同，根據計畫保養系統，對船上所有機器系統進行維護。輪機人員並須準確記錄各運轉參數，並做成文件與報告。
- 添加燃料：管輪亦須負責將燃料從加油站或駁船，添加至本船。通常由三管輪負責，定期進行燃料艙櫃量測，以做成燃料添加作業計畫，並報告輪機長。
- 緊急故障與修理：管輪並須具備，對在航行中發生故障的機器系統進行修復的能力。在某些情況下，需仰賴在岸上的專家進行修理，以解決問題。

　　除上述職責，管輪須遵從輪機長指示，完成指派工作。以下摘要分述各管輪在船上的職責。

1. 輪機長

　　輪機長負責帶領船上整體的技術性工作，包括船上的操俥（maneuvering）與加油等。其同時負責 MARPOL 公約當中規定的油水分離器、焚化爐及汙水處理廠等所有設備的運轉。

　　此外，輪機長尚須依據公司的要求和岸上人員共同進行該船的保養與運轉。其中最重要的是遵循國家與國際法規。

2. 大管輪

大管輪負責機艙內的機器設備、甲板機械以及例如舵機房、泵間、CO_2間、空調系統、煙囪等等，並向輪機長直接報告。其除了負責主機、冷凍系統、造水機等各種設備的計畫性保養外，亦須進行這些設備發生故障時的修復。

大管輪並須負責各項資源的日常管理與處理及每周例行工作，零件（spares）與耗材（stores）的盤點，各項工作許可，工具箱會議（toolbox meeting）及日常工作（housekeeping）等。工具箱會議指的是，工作夥伴在展開作業之前，聚在一起，由大管輪對工作內容進行交代，以促進工作中的有效溝通，避免風險、確保安全。

3. 二管輪

二管輪須負責協助輪機長與大管輪，對各項機器設備進行維護與修理。其負責進行計畫性保養的機器包括輔鍋爐、柴油發電機、救生艇引擎及緊急發電機等。

二管輪還須對鍋爐爐水、冷卻水及潤滑油等進行例行試驗，並根據試驗結果添加藥劑，以調節這些液體的性質。

4. 三管輪

三管輪負責船上的泵、空壓機、淨油機等設備。其同時須在例如添加燃油與潤滑油及油泥與艙底水排放等關鍵運作工作上，協助輪機長。

因此，三管輪須負責所有燃油與滑油艙櫃的常規性量深（soundings），並保管所有紀錄。其並須在各項預防故障的保養工作上，協助輪機長與大管輪。

5. 助理三管輪

助理三管輪（trainee marine engineer, 5th engineer, junior engineer）的工作主要在學習。由於其尚無適任證書（Certificate of Competency, COC），因此還不適合擔負任何重大任務。

助理三管輪的責任包括每日艙底水櫃與汙泥櫃的量深，並協助管輪當班和保養機器設備。

其同時須協助輪機長與二管輪，處理紙上作業（paperwork），以及進行加油、操俥、引擎性能測試及日常維護等工作。

6. 新科三管輪

從輪機系畢業並完成船上實習後，正式投入輪機事業的第一步，便是擔任三管輪。這時便要開始真實體驗船上的工作，並承擔責任了。

儘管輪機部門由輪機長指揮，但幾乎在所有類型的船上，無論靠港或航行中，三管輪都須向大管輪報告，並在需要時協助大管輪。

三管輪（4th Engineerg）剛上船，應首先向輪機長或／和大管輪報到，並在對機艙和輪機部門做整體了解之後，和原管輪完成交接。接下來，三管輪應進行以下工作：

- 檢視淨油機、空壓機、泵等分派設備的零、配件與專屬工具及其盤點紀錄與存放位置。
- 檢視被分派設備的運轉時數與保養期程，及其運轉程序。
- 檢視燃油添加（bunkering）系統的配置與狀況，以及相關閥的操作及槽櫃與量深（sounding）管的位置。
- 檢查油泥（sludge）與艙底水系統的配置與狀況，以及相關閥與泵的運轉。
- 所有燃油櫃、艙底水櫃及油泥櫃皆進行量深。
- 紀錄並檢查每天各種燃油、潤滑油的耗量。
- 紀錄船上每天產生的艙底水與油泥。

接著，三管輪須向大管輪報告，所檢查到上述系統與設備的任何疑點的詳細情形。此外，三管輪尚須：

- 記錄所負責設備的運轉時數。
- 在輪機長或大管輪的督導下，進行定期計畫性保養。
- 負責協助輪機長進行，添加燃油與潤滑油的相關作業。
- 每月完成所負責設備的正式月末文件。

・接受輪機長指導，落實船上的環保政策與 MARPOL 的要求。

・持續登載輪機日誌及所有輪機長交付的船上檔案。

　　上述職責爲三管輪所需擔負的基本要求，實際上依不同的船型與船公司，可能有所增減。

二、管輪工作與生活型態

　　和船上其他船員相同，管輪依照簽訂的合約上船工作。當今一般船公司提供的是，4 至 6 個月的工作合約。

　　面對嚴峻的環境加上複雜的機器系統，管輪工作可謂相當具挑戰性。管輪的工作大致包括 4 小時的輪班，以及維修工作。

　　在緊情情況下，管輪的工作時數可能持續無間斷延長，無法休息，直到機器系統恢復到正常運轉狀態，且不再對該船具任何形態的威脅爲止。

　　管輪在靠港期間，若時間允許且取得輪機長許可，則可上岸。隨著科技的進步，船靠港時間大幅縮減，使得船員很難有時間放假上岸。

監造工程師

　　船舶監造工程師是在船上擔任管輪之餘，在岸上的主要工作之一。監造工程師的主要職責，包括監督新船的建造和現成船的維修與改裝等。其工作範圍主要是代表船東，對建造或維修中船舶進行船體、輪機、電氣、塗裝等施工品質的監督、工程進度管理、資金管理及技術文件的簽署等。

三、郵輪輪機部門

　　圖 11-2 和圖 11-3 所示，分別爲大型郵輪的機艙和控制室實景。郵輪上的輪機部門，除由輪機長帶領大管輪等管輪及機匠等乙級船員外，還加上環保工程師（environmental engineer）和旅館服務工程師（hotel service engineers）。其一般分成三組輪值，各組由一資深管輪帶領兩位管輪和一位機匠一起當值。

圖 11-2　大型郵輪機艙一角

圖 11-3　大型郵輪機艙控制室

郵輪上的機艙控制室所扮演的角色，不僅是機艙內機器的控制中心，同時還是全船的溝通中心。只要發生和各設備相關的故障或抱怨，都會從各部門反應過來，接著在此採取適當措施。

因此有別於大多數貨船，郵輪的控制室，24 小時都必須有人當值，無法採取無人當值系統（unmanned maritime system, UMS）模式。

郵輪上的輪機員除了當值，還須針對其分派負責的設備，依照 PMS 進行日常保養。當需要進行較費時與複雜的維修時，會有輪機團隊人員支援。

大管輪領導整個機艙內機器的維修團隊，包括機匠、裝配工及下手等，以進行各項常規保養與翻修工作。郵輪上的環保工程師則專門負責廢水和垃圾處理系統。這些系統當中包括汙水處理場、相關泵與設備、黑水單元、過濾壓實、焚化爐及廚餘加工設備等。

1. 旅館工程

旅館工程（hotel engineering）亦屬輪機部門，但只處理機艙以外的機器。該部門主要包括旅館服務工程師、水電工（plumbers）、裝配工（fitters）及水技師（water technician）。

其負責的範疇包括救生艇與吊架、消防灑水系統、油壓門、水密門、真空馬桶、住艙淡水管路、及咖啡機、冰淇淋機等旅館淡水管路等等。另外還須負責維護船上所有泳池的水質。

2. HVAC

HVAC 意旨供暖（heating）、通風（ventilation）及空氣調節（air-conditioning, A/C）。這些主要由總空調工程師（chief AC engineer）及其助理空調工程師（assistant AC engineers）、空調匠（AC technicians）等團隊負責。

他們主要負責的範疇包含主 AC 冰水機、空氣處理單元、通風扇、冷凍機器、冷房、冰熱水系統，及相關熱交換器。

圖 11-4　郵輪 HVAC 系統一角

3. 電氣部門

　　此部門負責的是船上安裝的所有電動或電子相關設備。其由總電機師帶領大電機師（1st electrician）、電子工程師（electronics engineer）、電工（2nd electricians）及助理電工（assistant electricians）組成的團隊負責。

　　船上各處，許多各式各樣的電氣裝置和設備，都需要定期檢查和維護，故障時則需要立即修復。而幾乎所有客船都有高壓裝置，多為 6.6 kV 或 11 kV。這是因為電流需求偏高，採用高壓電可減小導體尺寸和電氣損失。

　　操作高壓電裝置，需要尤其與安全相關的特殊訓練。這些都是郵輪上的電機師，需要具備並且認證的。其往往同時須負責電驅動系統。

　　總而言之，在郵輪上擔任輪機員，需同時滿足船舶驅動、供應全船電力、維護乘客的舒適與衛生，並且同時還要確保他們在船上不停歇的娛樂需求。除此之外，還要嚴格遵循相關的安全與汙染防治規範。輪機員在郵輪上扮演多樣角色及承擔責任，其重要性可想而知。

四、岸上的工作

　　身爲一位輪機工程師（或稱爲輪機員），你有可能在以下領域工作：

- 船上擔任管輪或岸上工程師。
- 造船與修船。
- 政府與軍警。
- 其他產業。

1. 船上管輪或岸上工程師

　　成爲輪機員的最簡單途徑，便是攻讀輪機學位。學成並通過考試後，便可上船從初級輪機員，一面累積海勤資歷一面考試，逐級升上輪機長。除此之外，輪機員下船也有機會在公司，擔任技術性督導。

　　此外，由於輪機所學涵蓋設計、操作及維修船上設備和基礎工程，以確保船上和在港內各種活動的平順且有效率運作，所以一位輪機員也有機會，在主管並規範海運的政府單位工作。

2. 造船與修船

　　輪機員可在修、造船廠內諸多不同部門工作。建造一艘新船時，廠裡的輪機員會和造船工程師共同進行設計、建造、銷售業務、服務、遵循、製造、諮詢、測試、保養及安全等工作。

3. 政府與軍警單位

　　輪機員也可在政府機關找到工作機會。這些機關在於擬定與落實海運政策與法令，以確保符合諸如 SOLAS 與 MARPOL 等國際公約。另外在海事教育與訓練等海運相關領域也有機會。

　　輪機員也有可能，將其專長應用在海軍或海巡的各類型艦艇上。其中更能發揮的，是這些艦艇的建造與維修。

4. 其他產業

　　其他產業包括醫院、旅館、商場、各類產品的製造工廠、學校及港埠管理等，也都用得上輪機專業。例如在旅館，可能需要負責的包括：冷凍冷

藏、空調、發電機、鍋爐、泵、電力與安全等設備和系統。

　　另外也有不少從產業界退下來的輪機員,從事海事院校的教育訓練工作。

5. 管輪的薪水

　　管輪的薪水取決於所上的船的類型、航線、船公司和個人的資歷。此薪資結構,也會隨管輪的國籍與船所屬國家,而有所差異。輪機員的薪水大致取決於以下因素:

* 船的大小:愈大的船薪水愈高。
* 船型:LNG、油輪及化學船薪水高於散裝船及貨櫃船等乾貨船。
* 船公司:第三方船舶管理公司(3rd party ship management companies)付的薪水可能比船東公司(ownership companies)的低些。
* 船航線:遠洋船的薪水高於近洋的;須穿越戰爭等高風險區的薪水也會較高些。
* 國籍:船員的國籍會影響其薪水。
* 經驗:經驗豐富的船員也可能享有較高薪水。

　　基於上述因子,在此只能提供各級管輪的薪水範圍。例如台灣管輪的薪水大約介於以下範圍(美金月薪):

* 助理三管輪:$350～800
* 三管輪:$2,500～4,000
* 二管輪:$3,500～5,000
* 大管輪:$5,000～12,000
* 輪機長:$8,000～$16,000

　　以下是一些常常被問到的問題。

6. 輪機工作問與答

(1) 輪機會是個好事業嗎?

　　對於樂於接受挑戰工作的你來說,輪機可成為一個極佳志業。輪機員的工作,有很大一部分時間,都是花在系統和機器問題的診斷和解決。

你可以把自己想像成一個機器的外科醫生，先妥善安排好要採取的檢修過程，接著將機器拆開，經過檢查、維護或修理，再將它安裝復原。這便是輪機員在船上的日常。

此外，你在船上工作期間，幾乎沒有任何開銷。換言之，隨著時間，你除了可望在短期內建立起穩定的經濟能力，同時也能累積日後更上層樓的工作經驗和能力。

(2) 輪機這個行業難做嗎？

擔任輪機員並不簡單。除了技術性知識，你還須能駕馭實務技術，且有時須日以繼夜地在艱困情況下工作，以解決問題。而這些都是在長時間遠離家的處境下進行的。機艙裡有些部位，溫度可達攝氏 50 度，同時須持續忍受噪音與油氣的挑戰。而在此工作環境當中，你還須保持友善、平和態度，以維持團隊的和諧。

(3) 輪機工作需要用到數學嗎？

若是在船上工作，基本的加減乘除大致足以應付絕大部分的工作。然而，若從事的是造船和船隊管理等工作，就可能需用到進階的數學模式，來進行設計及分析、評估等任務。

(4) 選擇上什麼船？

船員有時會有機會選擇上哪種船，而上不同的船，則各有其優、缺點。選擇上不同船的主要考量包括：

- 上不同船的最初經驗。
- 曾經在船上幾年。
- 船的航線。
- 個人喜好。
- 收入。

例如比較乾散貨船與貨櫃船：

- 散裝船靠港時間較長，船員上岸的機會也較多。貨櫃船因為分成好幾批進行貨物裝卸，往往間隔兩三天便靠港，停靠約一天即離港。

- 一般散裝船，因為都是全船貨物整批，在某港停靠一次裝卸完畢，所以靠港時間較長，從數天到接近一個月都有，視裝卸貨設備等條件而定。
- 油輪裝卸貨，輪機員須參與，乾貨船則不用。

習題

1. 一艘商船上的輪機部門包括哪些輪機人員？他們的職掌分別為何？
2. 試解釋什麼是監造工程師。他的職責主要包括哪些？
3. 身為商船三管輪，初上一艘船，應盡快做好哪些事情？
4. 試說明，從輪機系畢業，除了上船，主要還有其他哪些就業機會。

第十二章

前瞻船運與輪機

一、綠海運

海運可對環境造成各種類型的負面衝擊，像是意外事故造成的溢油（oil spill）汙染，船舶壓艙水（ballast water）生物入侵（bioinvasion），以及源自船舶的大氣排放（atmospheric emissions），導致空氣汙染（air pollution）與氣候變遷（climate change）等。

船舶每年所消耗的燃料，受到全球海運需求、技術及運轉的改進，以及船隊的組成等因素的影響甚鉅。早在1986年當運費偏低，大型油輪（very large crude carrier, VLCC）為減少燃料消耗，一般都以10節（海浬／小時，knot）航行，但到了1989年當運費上揚，航速也就跟著提升到12節。

為了將對環境造成負面衝擊的風險降至最低，IMO在2004年通過，並在2017年開始，落實「船舶壓艙水與底泥控管國際公約」（Ballast Water Management Convention, BWM Convention），規定所有船在航行時，都必須實施壓艙水管理。

另外，針對船舶大氣排放，MARPOL公約附則六（Annex VI）當中的空氣汙染法規，自2005年起生效。Annex VI在於對船舶排氣當中的硫氧化物（sulfur oxides, SOx）與氮氧化物（nitrogen oxides, NOx）設限，並禁止任意排放臭氧耗蝕物質（ozone depletion substances, ODS）。接著，為對抗地球暖化（global warming）與氣候變遷，便進一步限制二氧化碳（carbon dioxide, CO_2）等溫室氣體（greenhouse gases, GHGs）排放。

圖12-1所示，為分成三期（Tier I, Tier II, Tier III），限制NOx的排放率（每千瓦小時克數，g/kWh）的曲線。其中並劃定排放管制區（Emission Control Ares, ECA），初期涵蓋美、加東西岸區域，及歐洲包含波羅的海、北海和英吉利海峽等區域，隨後逐漸擴大涵蓋範圍（如圖12-2所示）。

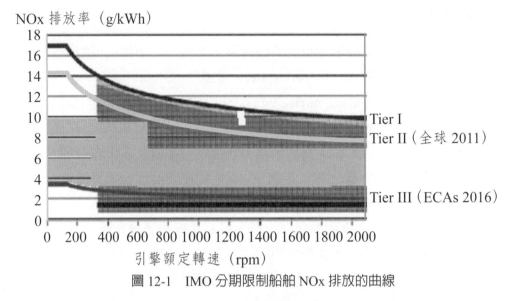

圖 12-1　IMO 分期限制船舶 NOx 排放的曲線

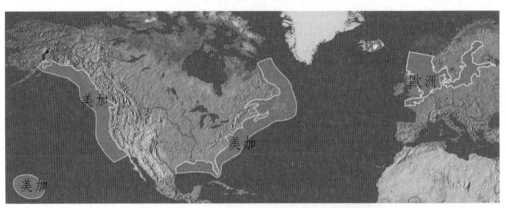

圖 12-2　MARPOL VI 劃定的排放管制區

　　圖 12-3 所示，為用以限制 SOx 排放的燃料含硫限制曲線。由此曲線可看出，分別在全球、ECA 和 EU 港口，快速趨嚴的燃料含硫限制。

燃料中含硫上限（%）

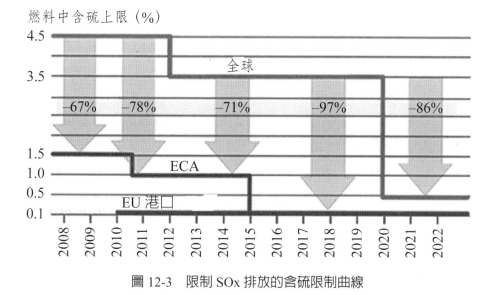

圖 12-3   限制 SOx 排放的含硫限制曲線

前述減排趨勢，未來對於海運可能帶來的影響仍難逆料，但船用柴油機仍將維持其主流地位。可預期的是，各種減輕排放與改進能源效率（energy efficiency）的選項，仍將是相關技術發展的重點。以下先初步介紹，符合相對潔淨，也就是所謂綠船（green ship）需求的一些相當成熟的技術。

二、溫室氣體減排

在 MARPOL Annex VI 的既有能源效率架構下，透過修訂既有條例，IMO 將持續落實短期 GHGs 減量措施。展望未來，若欲實現 2050 年淨零（Net Zero）目標雄心，則須進行包括例如以下新監管架構在內的，更根本的變革。

1. SEEMP

既有的船舶能源效率管理計畫（Ship Energy Efficiency Management Plan, SEEMP）準則。

2. EEDI 與 EEXI

　　藉由能源效率設計指標（Energy Efficiency Design Index, EEDI）和碳強度指標（Carbon Intensity Indicator, CII），以證明某船 SEEMP 的有效性。或使用現成船能源效率指標（Energy Efficiency Existing Ship Index, EEXI），來驗證 GHGs 減量成效。因此未來追求綠海運，勢必會就以下等領域，建造並運轉綠船：

- 船舶設計，
- 船舶推進，
- 船舶機械，以及
- 船舶運轉與保養維護。

　　結合這些領域並整合成一套解方，則可望導引出真正具有效率的船運。

3. 壓艙最小化

　　將壓艙水和其他不需要的重量最小化，可帶來較輕的排水量（displacement）和較小的阻力。此阻力大致直接和船舶的排水成比例。然此指的是，在不致對船的航行與平衡造成不利的前提下，去減少壓載。例如，從一艘純汽車船（pure car and truck (train) carrier, PCTC）移除 3,000 噸的永久性壓載（permanent ballast），並將船舶樑長增加 0.25 米，以達相同穩度，則可減少 8.5% 推進出力需求。

4. 輕量化

　　採用較輕的結構體，可減輕船舶重量。在結構體當中，對整體強度影響小的部分，可採用鋁或是一些較輕的材質。

　　原本採用的鋼結構重量，也可望減輕。一艘傳統的船，若採用以然廣為採用的高張力鋼（high tensile steel, HTS），其重量可減輕 5 至 20%。減重兩成，可減少推進動力需求約 9%。

5. 主要尺寸優化

　　將船長和船殼的方塊係數（fullness ratio, block coefficient, Cb）最佳化，對船的阻力有很大的影響。高長／寬比（L/B），表示船形趨於流線，

興波阻力（wave making resistance）也因此減小。一般油品船（product tanker）的船長，若額外增加 10 至 15%，則可減少推進出力需求逾一成。

6. 截流縱傾板

如圖 12-4 所示的截流板（interceptor），為一幾乎涵蓋艉橫樑寬的垂直鋼板。其向下彎曲，讓螺槳後方下壓，形成類似提升的效果。這類截流板主要用在郵輪和 RoRo 船上，可降低 1 至 5% 推進力需求。一般渡輪則可藉此，減少 4% 總能源消耗。

圖 12-4　艉部截流板

7. 導流艉鰭

如圖 12-5 所示的艉鰭（skeg）設計，能將水流均勻導至螺槳面。其可減少 1.5 至 2% 推進力需求。就貨櫃船而言，相當於減少達 2% 總能源消耗。

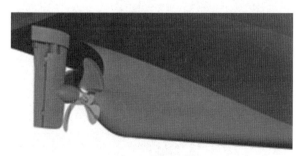

圖 12-5　艉鰭設計

8. 船殼開口阻力最小化

　　艏推進器與海底門開口,可導致相當高的水流擾動。藉由慎選開口位置,加上如圖 12-6 所示開口的妥善設計,可降低推進力需求達 5%。就貨櫃輪而言,相當於減少達 5% 總能源消耗。

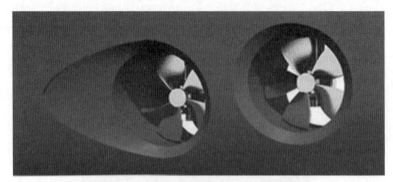

圖 12-6　艏推進器開口的妥善設計

9. 船速噴嘴

　　如圖 12-7 所示的船速噴嘴(speed nozzle)用於小型勤務船與拖船,以提供額外推進動力。搭配新型船舶設計的優點,其可提升船舶推進效率達約 5%。

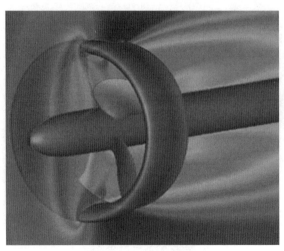

圖 12-7　船速噴嘴

10. 反轉螺槳

如圖 12-8 所示的反轉螺槳（counter rotating propellers, CRP），包括一對背對背，轉向相反的螺槳。如此一來，位在後方的螺槳可回收，前方螺槳所產生的滑失流（slipstream）當中的部分迴轉能量。此外，如此配對的螺槳，也可減輕螺槳負荷，而導致較佳效率。其相較於單螺槳船，可減輕10～15% 推進出力需求。

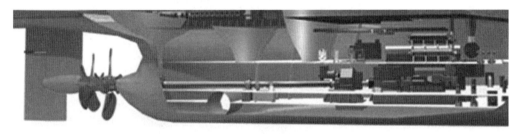

圖 12-8　反轉螺槳

11. 舵與螺槳結合

舵的拖滯會造成大約 5% 的船舶阻力。此阻力可藉由改變舵與螺槳的設計，降低近半。若將二者設計成一體（如圖 12-9 所示），則可提升燃料效率約 2 至 6%。

圖 12-9　設計成一體的螺槳與舵

12. 螺槳翼尖

螺槳翼尖（winglets）在飛機上，早已用得相當普遍。其用於船上（如圖 12-10 所示）可改進推進器效率，降低推進出力需求，降低燃料消耗。

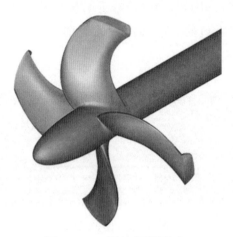

圖 12-10　船舶螺槳翼尖

13. 向大自然學習——X 艏

船舶科技界藉著改變船艏設計，力圖增進效率與穩度的努力，從未停歇。此設計依照各船的特性，及其運行的區域與目的而定。挪威 Ulstein 集團於 2006 年，即設計出如圖 12-11 所示的 X 艏，至今世界上許多船都採此設計。

X 艏為向後傾斜或稱為逆向船艏（inverted ship bow）。其目的在幫助船破浪，以增進整體穩度，尤其是在大浪情況下。根據 Ulstein 的測試結果，X 艏在破浪（而不是越過浪）過程中不致將水濺起，其能量也就不致傳到船身，船速的減損可忽略不計，對船艏的衝擊損害，也可減至最輕。

圖 12-11　X 艏貨櫃船

14. 氣泡潤滑系統

　　如圖 12-12 所示的氣泡潤滑系統（air lubrication system），擷取大約 0.5 至 1% 船舶推進動力，用來壓縮空氣產生泡泡，可減少達 15% 燃料消耗。該系統藉由在接近船舯後方的船底，吹入極細微氣泡，以降低行進中船殼在水中的摩擦。

　　其靠近艏段會改成平底。根據估算，全球船長在 275m 以上的遠洋商船若都採此方法，則可望降低近 3.5% 海運 CO_2 排放。各類商船燃料消耗節約效果，則分別約為：油輪 15%、貨櫃輪 7.5%、汽車船 8.5%、渡輪 3.5%。

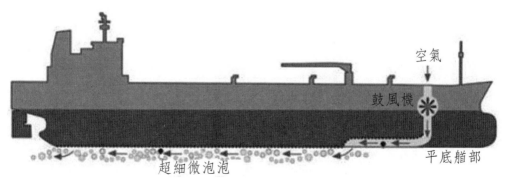

空氣

鼓風機

平底艏部

超細微泡泡

圖 12-12　氣泡潤滑系統

15. 硫洗滌系統

　　由於短期內尚難將傳統重燃油，汰換成相對潔淨許多的燃料，因此加裝處理設備，以降低源自船舶的 SOx 排放，也就成為海運業者的務實選項之一。此可藉著在船上裝設一套如圖 12-13 所示的排氣洗滌系統（emission scrubber system），將引擎排氣中的硫洗除達到。如此可降低排氣中 SOx 及有害微粒達 98%。

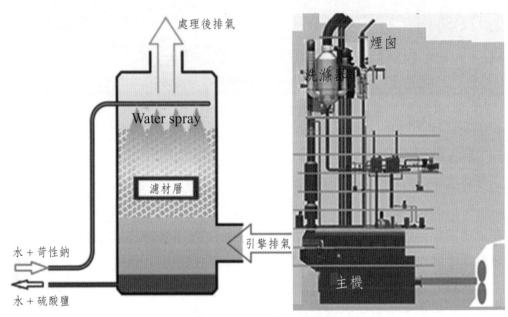

圖 12-13　　排氣洗滌系統

16. LNG 燃料

　　LNG 很可能是不久將來海運界的主要燃料，可大幅降低源自船舶的空氣汙染。而如圖 12-14 所示，以 LNG 與柴油結合作為船舶推進燃料，則可提升引擎性能，節約燃料消耗。

　　此外，發電用的輔引擎（auxiliary engine），亦為船上所有機器正常運轉所繫。以 LNG 作為輔引擎燃料可大幅降低，尤其是靠泊期間，源自船舶

的空氣汙染。

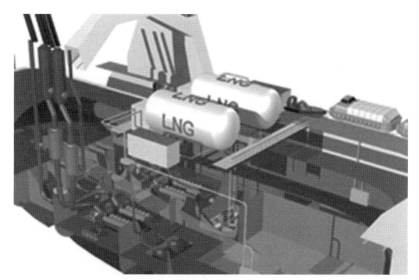

圖 12-14　LNG 與柴油結合作為推進燃料

【輪機小方塊】

以氨作爲海運替代燃料

2018 年 IMO 提出溫室氣體減量初步策略（Initial Strategy on GHG Reduction），接著大力進行海運脫碳（decarbonization）。該策略要求在 2050 年之前，將源自海運的 GHG，較 2008 年的減少至少一半。

爲追求零排海運，海運界力圖找出能取代碳密集能源的替代燃料。氨（ammonia, NH_3）爲目前最便宜的替代燃料，但未來仍有可能出現更便宜的選項。整體而言，以氨作爲海運燃料須面對以下短中長期的挑戰：

- 整體成本：綠氨目前成本較其他燃料高，但在擴大生產規模後可望下降。
- 安全：氨毒性高、可燃且具腐蝕性，萬一溢出，將對人與水生生物構成威脅，因此需要嚴格的安全標準、措施及訓練。

・規範整合：作為船舶燃料的生產、添加到使用，需要國際標準與地方
　　法規之間的整合。
・永續性：其從上游生產過程開始，需要一套由永續標準與永續認證等
　　組成的永續系統。

17. 廢熱回收系統

　　使用廢熱回收系統（waste heat recovery, WHR）系統行之有年，若進
一步提升能源效率，可降低整體燃料消耗達 14%。引擎排氣中的廢熱可用
於發電、加熱及產生蒸汽，進一步用來加熱貨艙、住艙、水及燃油等。如
圖 12-15 所示的系統，包含一節熱器及一渦輪發電機。WHR 最大可提供達
20% 引擎出力。

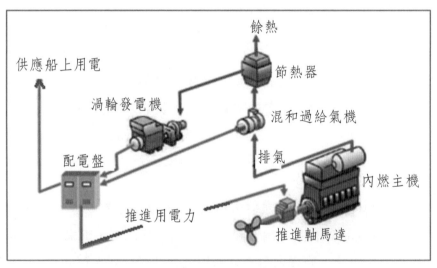

圖 12-15　包含渦輪發電機的廢熱回收系統

18. 排氣再循環

　　排氣再循環（exhaust gas recirculation, EGR）系統，則是將一部分來
自氣缸的排氣與引擎掃氣（scavenge air）一道重新循環。如此可降低掃氣

中含氧量及燃燒室溫度，進而降低 NOx 排放達 80%。

19. 增進泵送與冷卻水系統效率

優化管路、泵及冷卻器，可降低流體阻力與輸送需求，進而改進能源效率。此可望減少船上耗電達 20%，及整體燃料消耗達 1.5%。

此外，泵為主要耗能輔機，而引擎的冷卻水系統又包含許多泵。藉由變頻、變速運轉這些冷卻水泵，可依實際情況進一步優化冷卻水流。

20. 船殼表面性質

改進船殼表面的性質，為讓船降低燃料消耗及排放的重要因素。採用適當的船殼油漆，可大幅（50 至 80%）降低航行時的摩擦阻力，進而導致 3 至 8% 的燃料節約。

先進塗料並可減輕生物汙損（biofouling），如此可增進下次進塢前的整體效益。相較於傳統塗料，不同類型商船採用這類塗料，在 48 個月內可省下的燃料消耗分別約為：油輪 9%、貨櫃輪 9%、汽車船 5%、渡輪 3%。

21. 船殼清潔

生長在船殼上的海藻等生物，會增加船的阻力。在既有船殼塗料情況下，頻繁清潔船殼，可減輕拖滯（drag）並降低總燃料消耗。依據長期經驗，各類型船舶在清潔船殼後，分別約可節約燃料消耗為：油輪 3%、貨櫃船 2%、汽車船 2%、渡輪 2%。

22. 減船速

降低船速可有效削減能源消耗。由於推進出力與船速之關係為 3 次方曲線，因此減速可帶來顯著效果。但須注意，減速也會使得單位時間的運貨量降低。

23. 航線規劃：天氣定航

天氣定航（weather routing）的目的，在於針對長程航行，找出最佳航線。而最短的航線，並不見得是最快的航程。

其基本概念，在於藉由更新的天氣預報數據，讓船航行在平靜海上

（calm sea），或是有最多順風（downwind）的途徑上。這類系統，可進一步將洋流納入考量，盡可能對此做最大利用。

24. 俯仰差優化

在相同的吃水與船速下，相較於最差俯仰差（worst trim），最佳俯仰差（optimum trim）情況下的燃耗可減少達 15 至 20%。而透過在不同情況下的出力需求數據分析，或採用 CFD 等模型測試，則可望找出在各吃水與船速下的最佳俯仰差。

然而必須注意的是，藉由引進壓艙水以調整俯仰差，也可能因為排水量增加，導致燃耗增高。若有可能，最好是藉著調整載貨或燃油位置，以調出最佳俯仰差。

25. 柴電與柴機混搭

如圖 12-16 所示的柴電與柴機（combined diesel-electric and diesel-mechanical）混搭，可增進具備變動負載模式船上的整體運轉效率。

在部分負載下，藉著選擇適當運轉引擎數以優化引擎負荷，可導致效益。當負載升高，機械部分可提供比全電機更小的傳動損失（transmission losses）。

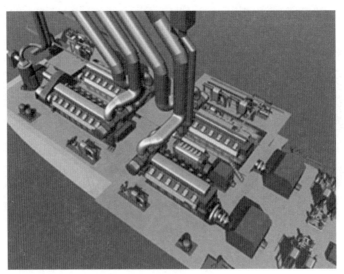

圖 12-16　柴電與柴機混搭

26. 變速發電

電力系統的發電機組以變動 rpm 模式運轉。該 rpm 隨時調整，以在不同負載下維持最高效率。如此可將發電機組減少 25%，並使燃料消耗節約 5 至 10%。

27. 共軌

如圖 12-17 所示的共軌（common rail, CR）可用以獲致低排放與低 SFOC 的結果。其在於在各負荷下優化燃燒，以達最低燃料消耗的結果。

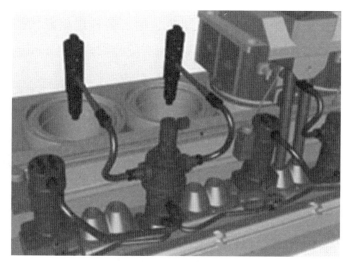

圖 12-17　共軌系統

28. 自動化

一套整合自動化系統（integrated automation system, IAS）或是警報與監測系統（alarm and monitoring system, AMS）包括用以提升效率與運轉性能的先進自動監控系統。

該系統將船上所有監測參數並控制所有過程，以讓該船以最低運轉成本仍獲致最佳表現。透過引擎優化控制、發電與輸配電優化及推進控制與壓艙優化，可節約燃耗達 5 至 10%。

29. 先進電力管理

　　適時改變發電機組數，為影響燃耗的重要因素。藉由一套有效率的電力管理系統（power management system）以增進整體系統的效能，最為有效。例如，長時間在低負載（low load）下運轉，可徒增 SFOC 達 5-10%。此外，低負載運轉還可增加增壓渦輪機等汙損的風險，進一步影響燃耗。

30. 部分負荷優化

　　一般引擎的配置在於符合高負荷下的優化。而實際上這些引擎大多僅使用於部分負荷（partial load）情況下。若能盡可能配合實際運轉輪廓，則可顯著增進整體運轉效率。這些配合包括：各種過給氣機調整（TC tuning）、噴燃提前（fuel injection advance）及凸輪輪廓（cam profiles）等。

31. 混合輔助電力系統

　　在如圖 12-18 所示的混和輔助電力系統（hybrid auxiliary power system）當中，會包括燃料電池（fuel cell, FC）、柴油發電機和電瓶等在內。透過智慧控制系統（intelligent control system）可平衡各個部件的負載，得到系統效率最大化。

　　該系統並可納入例如太陽能和風能等其他能源。如此可導致 NOx, CO_2 及 PM 排放分別減少 78%、30% 及 83%。

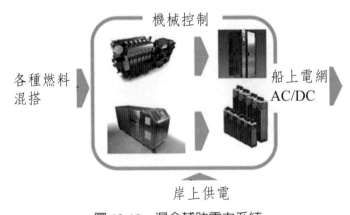

機械控制

各種燃料
混搭

船上電網
AC/DC

岸上供電

圖 12-18　混合輔助電力系統

32. 視情況保養

傳統的輪機保養，依據的大致爲定期保養系統（periodical maintenance system, PMS）。而如今，在視情況保養（condition-based maintenance, CBM）系統當中，所有保養行動所根據的，則爲透過了解設備實際狀況並經過專家評估，所得到的最新相關資訊。如此可得到的益處包括：燃耗降低（達 5%）、排放降低、大修間隔延長及可靠性（reliability）提高。

33. 人員節能意識

透過根據燃料節約等績效，提供紅利等誘因給員工，可爲船公司創造出一套節能文化（culture of fuel saving）。而讓公司內船舶之間相互競爭，更是一套相當簡單且有效的方法。尤其搭配訓練與評量系統，船員得以認清努力帶來的結果，進而帶出進一步影響。根據過去許多公司所得到的經驗，提供上述誘因，可實際產生高達一成的能源節約與排放降低成效。

三、風力輔助推進

部分航運業者正努力重新找回靠風推進船的潛力，以削減燃料消耗及碳排放。無疑的，風是免費、零碳排的。目前在船上引進各種不同風能技術，估計可使輪船的燃料節約在 10 至 30% 之間，分類舉例介紹如後。

1. 硬帆

硬帆（hard sail）包含翼帆（如圖 12-19 所示）和 JAMDA 式帆裝（如圖 12-20 所示）。有些帆裝並結合了太陽光電（photovoltaic, PV）板，用以補充發電。

圖 12-19　Canopée 號上豎立著 4 具翼帆系統

圖 12-20　JAMDA 式帆船

大連造船公司於 2022 年 9 月交付給中國招商局能源運輸公司的 30 萬噸 ULCC，配備四組風帆裝置的「新伊敦號」（M/V New Aden），如圖 12-21 所示。該伸縮翼帆，高度 40 公尺，總面積 1,200 平方公尺。此油輪的主機為柴油引擎，藉由風帆助推，平均油耗可降低 9.8% 以上。

圖 12-21　招商局能源運輸公司「新伊敦號」

2. 旋轉金屬帆

旋轉金屬帆（Flettner Rotor 或 Rotor Sails）利用瑪格納斯效應（Magnus Effect）的低功率馬達轉動的圓筒，以產生推力。如圖 12-22 所示，船甲板上的迴轉筒表面被空氣流拉扯，使氣流改變方向。由於該筒將空氣推向一側，該氣流也就跟著將筒往反方向推。如此一來，使旋轉的筒受到一股與風向垂直的揚升力道，協助推進該船。

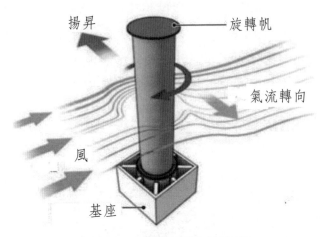

圖 12-22　轉帆助推原理示意

　　當今適用於商船的風力輔祝推進系統當中，以此最受歡迎，風險也最低。透過電腦操控，最佳可節約燃料達 4.5%。2020 年 Norsepower 與航行於北海的 SEA-CARGO 在 12,251 總噸 SC Connector Ro-Ro 貨船（圖 12-23）上裝設兩座高 35 m、寬 5m 的 Flettners 轉帆，可傾倒以便從橋下通過，估計可減排 25%。

圖 12-23　裝設可傾倒轉帆的 Ro-Ro 貨船 SC Connector

3. 太陽風帆輪船

如圖 12-24 所示為中國遠洋航運公司（COSCO）的太陽風帆輪船。該鋁製太陽能風帆，每面長 30 m，能偵測風向及太陽光自動調整最佳的角度。藉由風力推動，可節省 20～40% 燃料消耗。貼在風帆上的 PV 系統，可提供船上 5% 用電。

圖 12-24　太陽風帆輪船

4. 風箏

圖 12-25 所示，為 Airseas 風箏拖著 Ville de Bordeaux 助航。法國空中巴士公司已預訂使用 Airseas 的 5,400 ft² 風箏，來拖一艘在美國與法國之間載運飛機零件的船。風箏上的裝置可持續收集天氣數據，並自動調整風箏展開情形，以優化其表現。

圖 12-25　Airseas 的風箏正拖著 Ville de Bordeaux

5. 建造永續船舶

造船，應該是在生命周期概念中，改善船運經濟與環境永續性的核心。以如圖 12-26 所示的日本 NYK 超級生態船（NYK SUPER ECO SHIP）專案為例，其旨在透過結合一連串節能技術，建造一艘零排放船。

其和類似規模的船舶相比，預計到 2030 年可將 CO_2 排放量減少 70%，到 2050 年進一步提高到 100%。此外，NOx 和 SO_2 等空氣汙染物排放，也會大幅減少。

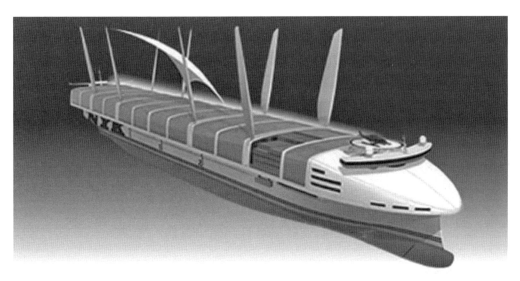

圖 12-26　超級生態船

【輪機小方塊】

讓船容易拆解

一艘船終其一生是否夠綠、夠永續，某方面來說取決於其拆解的難易程度。在船舶的設計與建造上，若能針對可拆卸性妥為考量，則可望在某些方面改進船舶回收。針對船舶設計與建造的研究，有幾方面受到重視，例如：

- 標準化船上的所有部件與設備，並導向可更易於掌控報廢部件的識別，以便進行可能的重複利用、再製造或回收利用。

- 使用類似廁所模組、艙間模組等模組概念，使便於維護與拆卸。且在適用規則範疇內使用相同類型的結構加強件，並減少絕緣、鑲板等材料種類，以簡化船舶回收。

- 需要納入設計得當的起重支撐，以處理拆卸的結構部件與船上設備，以盡量減少船舶拆卸過程中，因部件墜落而造成的事故。這些關鍵項目，皆可包含在結構設計階段的本身細節當中。

- 對位於船舶狹窄區域的空間，如發機艙、泵艙、船樓、甲板及船艙其他儲藏室等，皆應顧及拆解需求以進行布局。

- 燃油等有害液體系統，應設計成方便進行眞空預清潔。
- 明確說明在船舶建造過程中，如何將原始建造模組進行組裝，以利使回收業者得以採用反向拆解方法，使得以釐清危險材料、潛在危險及和關鍵船舶回收步驟等要素。
- 使用蓋子與插銷等取代黏膠以安裝絕緣材料，將使得在回收過程中更容易拆除絕緣層。這將省去在開始氣體切割前，從鋼結構刮膠的繁瑣工作。
- 降低安裝機艙內管路高度或策略性設計管路位置，可讓回收過程中的墜落等事故減至最少。其並可使更易於使用氣體切割器。

習題

1. 試論述何以「綠海運」成爲國際趨勢。
2. 2005 年起生效的 MARPOL 公約附則六（Annex VI），針對的是哪些空氣汙染和地球暖化問題？
3. 試摘要解釋 MARPOL 公約附則六（Annex VI）當中，如何以燃料含硫限制曲線，來限制船舶的 SOx 排放。
4. 請解釋這些名詞。(1) SEEMP；(2) EEDI；(3) EEXI；(4) WHR。
5. 請解釋船上設置變速發電電力系統，可帶來什麼好處？
6. 請解釋，何以當今有些商船公司，努力將風力輔助進系統應用到船上。

參考資料

第一章　簡介海運

中國古代木船（戰船）http://www.solar-i.com/owwb.htm

船—航海のあゆみ（小学館の学習百科図鑑 17）

Chang, Y., Lee, S., Tongzon, J.L. 2008. Port selection factors by shipping lines: different perspectives between trunk liners and feeder service providers. Marine Policy 322008:877-885.

Corbett, J.J., Winebrake, J.J., Green, E.H., Kasibhatla, P., Eyring, V., Lauer, A. 2008. Mortality from ship emissions: a global assessment. Environmental Science & Technology 4124, 8512-8518.

Ducruet, C., Notteboom, T. 2012. The Worldwide Maritime Network of Container Shipping: Spatial Structure and Regional Dynamics, Global Networks, Vol. 12, No. 3, pp. 395-423.

Eide, M. 2009. Cost-effectiveness assessment of CO_2 reduction measures in shipping, Maritime Policy and Management 364, 367-384.

European Environment Agency. 2013. The impact of international shipping o European Environment Agency. 2013. The impact of international shipping on European air quality and climate forcing. EEA Technical report No 4/2013. https://www.envirotech-online.com/news/environmental-laboratory/7/breaking_news/italian_conference_showcases_drone_air_monitoring_abilities/38023/

GOVAN, F. 2013. Prestige oil tanker sinking: Spanish court finds nobody responsible. the Telegraph. http://www.telegraph.co.uk/news/worldnews/europe/spain/10447185/Prestig e-oil-tanker-sinking-Spanish-court-finds-nobody-responsible.html

IMO. 2005. Interim guidelines for voluntary ship CO_2 emission indexing for use in trials, MEPC/Circ. 471, 29 July., 2005.

IMO. 2010. Prevention of air pollution from ships: Proposal to establish a vessel efficiency system submitted by World Shipping Council, London, MEPC60, 2010.

IMO. 2012. MEPC 63/23 Report of the Marine Environment Protection Committee on its sixty-third session 14 March 2012.

International Transportation Forum. 2015. The Impact of Mega Ships: Case-Specific Policy Analysis., Paris: OECD.

Levathes, L. 1994. When China Ruled the Seas. Oxford University Press. ISBN 978-0-19-511207-8.

Levinson, M. 2006. The Box: How the Shipping Container Made the World Smaller and the World Economy Bigger, Princeton: Princeton University Press.

Lindstad, E., Stokke, T., Alteskjær, A., Borgen, H., Sandaas, I. 2022. Ship of the future – A slender dry-bulker with wind assisted propulsion. Maritime Transport Research, 3(2022), 100055.

Lloyd's Register. 2013. Carrying solid bulk cargoes safely. https://www.nautinst.org/uploads/assets/uploaded/d865b674-d59d-4255-d7b462811d48043.pdf

LRF. 2008. The environmental impacts of increased international maritime shipping, Global Forum on Transport and Environment in Globalising World, 10-12 Nov. 2008, Guadalajara, Mexico, 2008.

Margrethe, A., Fet, A. 2010. An LCA framework for ships and ship subsystems based on systems engineering principles. Innovation in Global Maritime Production – 2020.

MARINTEK. 2000. Study of Greenhouse Gas Emissions from Ships, Final report to the IMO 2000.

Notteboom, T. 2013. Maritime Transportation and Seaports, in J-P Rodrigue, T. Notteboom and J. Shaw (eds) The Sage Handbook of Transport Studies, London: Sage.

Notteboom, T., Rodrigue, J. 2009. The Future of Containerization: Perspectives from Maritime and Inland Freight Distribution, Geojournal, 74(1), 7-22.

Palmer, K. 2016. CO2 emissions from international shipping: Possible reduction targets and their associated pathways. London: UMAS.

Schrooten, L., De Vlieger, I., Panis, L.I., Chiffi, C., Pastori, E. 2009. Emissions of maritime transport: a European reference system. The Science of the Total Environment. 408(2), 318-23.

Song, D., Panayides, P. 2012. Maritime Logistics: Contemporary Issues. Wagon Lane, Bingley, UK: Emerald Group Publishing.

UNCTAD. 2015. Review of Maritime Transport. [pdf]Geneva: UNCTAD. http://unctad.org/en/

PublicationsLibrary/rmt2015_en.pdf

第二章　船舶系統與推進

中華民國船舶機械工程學會。船舶用語辭典。財團法人張榮發基金會。

華健、邱英勝。2015 船舶航行中除汙之機構設計初探。船舶科技 47 期：51-61。

吳大廉、華健。2018。以 CFD 數據調整船舶姿態之節能。船舶科技 48 期：66-78。

Brynolf, S., Fridell, E., Andersson, K. 2014. Environmental assessment of marine fuels: Lique-fied natural gas, liquefied biogas, methanol and bio-methanol. J. Clean. Prod. 2014, 74, 86-95.

Buhaug, Ø., Corbett, J., Endresen, Ø., Eyring, V., Faber, J., Hanayama, S., Lee, D., Lindstad, H., Mjelde, A., Pålsson, C., Wanquing, W., Winebrake, J., Yoshida, K. 2009. Second IMO GHG Study 2009, International Maritime Organization, London, United Kingdom.

Cairns, J., Vezza, M., Green, R., Vicar, D. Numerical optimisation of a ship wind-assisted pro-pulsion system using blowing and suction over a range of wind conditions. Ocean Engineer-ing, 20(2021), 109903.

California State Water Resources Control Board. 2002. Evaluation of ballast water treatment technology for control of nonindigenous aquatic organisms report To the California Legisla-ture. 70 pp.

Chiffi, C., Fiorello, D., Schrooten, L., 2007, Exploring non road transport emissions in Europe Development of a Reference System on Emissions Factors for Rail, Maritime and Air Trans-port Final Report, Seville, Spain. http://www.inrets.fr/ur/lte/publi-autresactions/fichesresul-tats/ficheartemis/report2/ARTEMIS_FINAL_REPORT.zip.

Interesting Engineering. 2021. A 75-foot vessel is being converted to run almost entirely on am-monia. Retrieved from Transportation: https://interestingengineering.com/a-75-foot-vessel-is-being-converted-to-run-almost-entirely-on-ammonia.

Lam, J., Lai, K. 2015. Developing environmental sustainability by an pqfd approach: the case of shipping operations, Journal of Cleaner Production 105(2015), 275-284.

Latino, A., Dreyer, D. 2015. Energy master planning toward net zero energy installation - Ports-mouth naval shipyard, ASHRAE Transactions 121(2015), 160.

Lee, P., Chang, Y., Lai, K., Lun, Y., Cheng, T. 2018. Green shipping and port operations. Trans-portation Research Part D: Transport and Environment. 61(Part B), 231-233.

Vidal, J. 2009. MPs attack shipping industry's 'irresponsible' inaction on emissions: The Guadian. Available at: Electronic copy available at: https://ssrn.com/abstract=2923359 Studies of Organisational Management & Sustainability, 3(1), 1-13

第三章　船舶主機

薛宏國，華健，林文瑞。2011。船外機常見故障及一般保養。機械月刊。第三十七卷第八期，pp. 88-96。

Abbasov, F. 2019. One Corporation to Pollute Them All. Luxury cruise air emissions in Europe. *Transport & Environment.*

Balzany Lööv, J.M., Alfoldy, B., Lagler, F. 2011, Why and how to measure remotely ship emissions, Climate Change and Air Quality Unit Seminars — Ispra 2011, Italy.

Becagli, S., Sferlazzo, D.M., Pace, G., Sarra, A.d., Bommarito, C., Calzolai, G., Ghedini, C., Lucarelli, F., Meloni, D., Monteleone, F., Severi, M., Traversi, R., Udisti, R. 2012. Evidence for ships emissions in the Central Mediterranean Sea from aerosol chemical analyses at the island of Lampedusa, Atmos. Chem. Phys. Discuss, 11(29), 915-947.

Beecken, J., Mellqvist, J., Salo, K., Ekholm, J., Jalkanen, J. 2021. Airborne emission measurements of SO_2 , NO_x and particles from individual ships using a sniffer technique. Atmos. Meas. Tech., 7(7), 1957-1968.

Campling, P., Janssen, L. Vanherle, K. 2012. Specific evaluation of emissions from shipping including assessment for the establishment of possible new emission control areas in European Seas, VITO, Mol, Belgium, September 2012.

Campling, P., van den Bossche, K., Duerinck, J. 2010. Market-based instruments for reducing air pollution Lot 2: Assessment of Policy Options to reduce Air Pollution from Shipping, Final Report for the European Commission's DG Environment http://ec.europa.eu/environment/air/transport/pdf/MBI%20Lot%202.pdf.

Central Pollution Control Board. 2017. Ed. Bhawan, P., Nagar, E.A., Delhi-110032 July, 2017 Guidelines for Continuous Emission Monitoring Systems.

Golam, N., Rahmanb, S. 2014. Energy Efficiency Design Index EEDI for Inland Vessels in Bangladesh. Procedia - Social and Behavioral Sciences 138(2014), 531-536

IMO. 2014. Guidelines of the Method of Calculation of the Attained energy Efficiency Design Index EEDI for New Ships, Resolution MEPC. 24566

Krikkle, M., Annik, D. 2011. Analysis of the Effect of the New EEDI Requirements on Dutch Build and Flagged Ships, CMTI, July, 2011. Procedia Engineering 194(2017), 362-369

Lindstad, E., Bø, T. 2018. Potential power setups, fuels and hull designs capable of satisfying future EEDI requirements. Transportation Research Part D 63 (2018), 276-290

Lindstad, E., Borgen, H., Eskeland, G., S. Paalson, C., Psaraftis H. Turan, O. 2019. The Need to Amend IMO's EEDI to Include a Threshold for Performance in Waves (Realistic Sea Conditions) to Achieve the Desired GHG Reductions. Sustainability 2019, 11, 3668:

Lindstad, E., Eskeland, G., S., Rialland, A., Valland, A., 2020. Decarbonizing Maritime Transport: The Importance of Engine Technology and Regulations for LNG to serve as a Transition Fuel. Sustainability 2020, 12(5), 8793

Lindstad, E., Gamlem, G., Rialland, A., Valland, A. 2021. Assessment of Alternative Fuels and Engine technologies to reduce GHG, SMC-099-2021

Lindstad, E., Lagemann, B., Rialland, A., Gamlem, G., Valland, A. 2021. Reduction of Maritime GHG emissions and the potential role of E-fuels. Transportation Research Part D, 2021, 101, 103075.

Mrzljak, V., Bozica, Z., Prpic-Orsic, J. 2017. International scientific conference industry 4.0. Marine slow speed two-stroke diesel engine - Numerical analysis of efficiencies and important operating parameters. Borovets, Bulgaria.

Neely, G., Florea, R., Miwa, J., Abidin, Z. 2020. Efficiency and emissions characteristics of partially premixed dual-fuel combustion by co-direct injection of NG and diesel fuel (DI2) - Part 2; SAE Technical Paper 2017-01-0766.

Pearson, D.R. 2014. Use of Flettner Rotors in Efficient Ship Design. Influence of EEDI on Ship Design, 24-25 September 2014: The Royal Institution of Naval Architects. 2014.

Pirjola, L.A., Pajunoja, J., Walden, J.P., Jalkanen, T., Rönkkö, A., Kousa, T. 2014. Mobile measurements of ship emissions in two harbour areas in FinlandAtmos. Meas. Tech., 71, 149-161, 2014.

Prata, A.J. 2014. Measuring SO_2 ship emissions with an ultraviolet imaging camera. Atmos. Meas. Tech., 7(5), 1213-1229.

Wang, C., Corbett, J.J., Firestone, J. 2008. Improving spatial representation of global ship emissions inventories. Environmental Science & Technology 421, 193-199.

Yousefi, A., Guo, H., Birouk, M. 2019. Effect of diesel injection timing on the combustion of natural gas/diesel dual-fuel engine at low-high load and low-high speed conditions. Fuel 2019, 235, 838-846.

第四章　船舶輔機

黃正榮。船舶輔機。幼獅文化事業。

郭家豪、華健 2020。加強落實防止源自船舶海洋汙染問卷分析。船舶科技 52 期：93-105。

郭文和，華健，薛宏國。2010。簡易壓艙水控管初試。船舶科技。第三十八期，pp. 57-68。

Althouse, Turnquist, Bracciano. Modern Refrigeration and Air Conditioning. Goodheart Wilcox.

EU Commission. 2022. Climate action. https://ec.europa.eu/clima/eu-action/transport-emissions/reducing-emissions-shipping-sector_fi

Fedi, L. 2016. The European ships' Monitoring, Reporting and Verification MRV: Pre-evaluation of a Regional Regulation on Carbon Dioxide Inventory.

Hua, J., Liu, S.M. 2006. Butyltin in Ballast Water of Merchant Ships, Ocean Engineering 34(2006), 1901-1907.

Hua, J., Liu, S.M. 2008. Ballasting outside port to prevent spread of butyltin from merchant ships, Ocean Engineering, 46(2008), 251-259.

Lee, D., Song, H.H. 2018. Development of combustion strategy for the internal combustion engine fueled by ammonia and its operating characteristics. J. Mech. Sci. Technol. 2018, 32, 1905-1925.

Lloyd's Register. 2017. Guidance on the EU MRV Regulation and the IMO DCS for Shipowners and Operators

Lyu, M., Zhang, C., Bao, X., Song, J., Liu, Z. 2017. Effects of the substitution rate of natural gas on the combustion and emission characteristics in a dual-fuel engine under full load. Adv. Mech. Eng. 2017, 9

Moldanová, J., E. Fridell, H. Winnes, S. Holmin-Fridell, J. Boman, A. Jedynska, V. Tishkova, B. Demirdjian, S. Joulie, H. Bladt, N. P. Ivleva, R. Niessner. 2013. Physical and chemical characterisation of PM emissions from two ships operating in European Emission Control Areas. Atmos. Meas. Tech., 612, 3577-3596

Moreno-Gutiérrez, J., Durán-Grados, V., Uriondo, Z., Ángel Llamas, J. Emission-factor uncertainties in maritime transport in the Strait of Gibraltar, Spain.

Nayyar, M.L. Piping Handbook. 6th Edition. McGraw Hill.

Sheng, D., Meng, Q., Li, Z. 2019. Optimal vessel speed and fleet size for industrial shipping services under the emission control area regulation. Transportation Research Part C: Emerging Technologies. 1052019, 37-53.

第五章　船電

10 Important Tests for Major Overhauling of Ship's Generator. Ship Generator https://www.marineinsight.com/tech/generator/10-important-tests-for-major-overhauling-of-ships-generator/

Mærsk Mc-Kinney Møller Center for zero carbon shipping. 2021. Position paper - Fuel option scenarios. https://cms.zerocarbonshipping.com/media/uploads/documents/Fuel-Options-Position-Paper_Oct-2021_final.pdf

Mærsk. 2022. A.P. Moller - Mærsk accelerates net zero emission targets to 2040 and sets milestone 2030 targets. https://www.maersk.com/news/articles/2022/01/12/apmm-accelerates-net-zero-mission-targets-to-2040-and-sets-milestone-2030-targets

Norwegian Ship Design. 2019. Norway's busiest ferry route Moss-Horten goes electric. https://www.norwegianshipdesign.no/archive/moss-horten-goes-electric

Taylor, D.A. Introduction to Marine Engineering. 2nd Edition. Butterworth Heinemann.

Wu, L., Wang, S. 2020. The shore power deployment problem for maritime transportation. Transportation Research Part E: Logistics and Transportation Review. 1352020

第六章　船用鍋爐

ICCT. 2011. Reducing Greenhouse Gas Emissions from Ships—Cost Effectiveness of Available Options; White Paper Number 11; International Council on Clean Transportation: Washington DC, WA, USA, 2011

ICCT. 2021. Zero-emission shipping and the Paris Agreement: Why the IMO needs to pick a zero date and set interim targets in its revised GHG strategy. https://theicct.org/zero-emission-shipping-and-the-paris-agreement-why-the-imo-needs-to-pick-a-zero-date-and-setinterim-targets-in-its-revised-ghg-strategy/

IEA. 2020. Outlook for biogas and biomethane: Prospects for organic growth. IEA. https://iea. blob.core.windows.net/assets/03aeb10c-c38c-4d10-bcec-de92e9ab815f/Outlook_for_biogas_and_biomethane.pdf

IEA. 2021. Net Zero by 2050, IEA, Paris https://www.iea.org/reports/net-zero-by-2050

IMO. 2018. Adoption of the Initial IMO Strategy on Reduction of GHG Emissions from Ships and Existing IMO Activity Related to Reducing GHG Emissions in the Shipping Sector. International Maritime Organization: London, UK, 2018, 1-27.

IMO. 2021. Fourth IMO greenhouse gas study 2020. London. Retrieved from https://wwwcdn.imo.org/localresources/en/OurWork/Environment/Documents/Fourth%20IMO%20GHG%20Study%202020%20-%20Full%20report%20and%20annexes.pdf

IMO. 2022. Energy efficiency measures. Retrieved from IMO: https://www.imo.org/en/OurWork/Environment/Pages/Technical-and-Operational-Measures.aspx

Kirstein, L., Halim, R., Merk, O. 2018. Decarbonising Maritime Transport—Pathways to Zero-Carbon Shipping by 2035; OECD International Transport Forum: Paris, France, 2018.

Månsson, S. 2017. Prospects for renewable marine fuel, Master's Thesis 2017: 04, Chalmers University of Technology, Department of Energy and Environment.

Traut, M., Larkin, A., Anderson, K., McGlade, C., Sharmina, M., Smith, T. 2018. CO_2 abatement goals for international shipping. Clim. Policy 2018, 18, 1066-1075

William C.W., William, M.J. Refrigeration and Air conditioning Technology. Demar.

Zhou, Y., Pavlenko, N., Rutherford, D., Osipova, L., Comer, B. 2020. The potential of liquid biofuels in reducing ship emissions. The International Council on Clean Transportation (ICCT) Working Paper.

第七章　燃料與潤滑油

華健。2016。展望以天然氣作為交通工具燃料船舶科技 47 期：85-96

Feng, L., Hu, Y., Hall, C., Wang, J. 2013. The Chinese Oil Industry: History and Future. Springer. ISBN 978-1441994097.

DNV. 2022. LNG as marine fuel. Retrieved from DNV: https://www.dnv.com/maritime/insights/topics/lng-as-marine-fuel/technologies.html

Hua, J. 2012. Heating with energy saving alternatives to prevent biodeterioration of marine fuel oil. Fuel. 93(2012): 130-135.

Neste. 2016. What is the difference between renewable diesel and traditional biodiesel - if any? https://www.neste.com/what-difference-between-renewable-diesel-and-traditional-biodiesel-if-any

Parry, I., Heine, D., Kizzier, K., Smith, T. 2018. Carbon taxation for international maritime fuels: Assessing the options. IMF

Ship & Bunker. 2022. Bunker prices. Retrieved from Global average bunker price: https://shipandbunker.com/prices/av/global/av-glb-global-average-bunker-price#MGO

Schmidt, P.F. Fuel Oil Manual. 3rd Edition. Industrial Press.

Chong, C., Hochgreb, S. 2011. Measurements of laminar flame speeds of liquid fuels: jet-A1, diesel, palm methyl esters and blends using particle imaging velocimetry. Proc Combust Inst. 33: 979-986

第八章　船舶的建造與檢驗

Alkaner, S., Das, P.K., Smith, D.L., Dilok, P. 2006. Comparative Analysis of Ship Production and Ship Dismantling. International Conference on Dismantling of Obsolete Vessels. Glasgow, UK.

Berkhout, A., Swart, D., van der Hoff, G. 2012. Sulphur dioxide emissions of oceangoing vessels measured remotely with Lidar, Rapport 609021119/2012, National Institute for Public Health and the Environment, Bilthoven, The Netherlands.

Ecorys, IDEA Consult, CE Delft, 2012. Green growth opportunities in the EU shipbuilding sector 152 2012.

EU. 2013. Regulation EU No 1257/2013 of the European Parliament and of the council on ship recycling and amending Regulation EC No 1013/2006 and Directive 2009/16/EC. Official Journal of the European Union, 56.

Fet, A.M., Sørgård, E. 1999. Life Cycle Evaluation of Ship Transportation–Development of Methodology and Testing. DNV research report.

Gallob, J. 2005. Ship breaking issues include invasive species, chemicals December 7, 2005. Newport News-Times. Newport Oregon.

Gilbert, P., Wilson, P., Walsh, C., Hodgson, P. 2016. The role of material efficiency to reduce CO2 emissions during ship manufacture: A life cycle approach, Marine Policy 2016.

Gratsos, G., Zachariadis, P. 2005. The Life Cycle Cost of maintaining the effectiveness of a ship's structure and environmental impact of ship design parameters. Royal Institution of Naval Architects Transaction papers of 18/19 October 2005.

Harish, C., Sunil, S. 2015. Energy consumption and conservation in shipbuilding, International Journal of Innovative Research and Development 4(2015).

Hasan, R. 2011. Impact of EEDI on Ship Design and Hydrodynamics, M.Sc Thesis, Chalmers University of Technology, Sweden, 2011.

Hayman, B., Dogliani, M., Kvale, I., Fet, A.M. 2000. Technologies for reduced environmental impact from ships–ship building, maintenance and dismantling aspects. Research paper.

ILO. 2016. Maritime Labour Convention, http://www.ilo.org/global/standards/maritime-labour-convention/lang--en/index.htm, Accessed October 21, 2016.

IMO. 2009. Hong Kong International Convention for the Safe and Environmentally Sound Recycling of Ships, 2009. International Conference on the Safe and Environmentally Sound Recycling of Ships. Hong Kong: IMO.

Jain, K. 2014. Influence of ship design on ship recycling. Conference Paper October 2014 Delft University of Technology.

Jain, K., Pruyn, J, Hopman, J. 2016. Critical analysis of the Hong Kong International Convention on Ship Recycling. International Journal of Environmental, Chemical, Ecological, Geological and Geophysical Engineering, 710, 684-692.

Ko, N., Gantner, J. 2016. Local added value and environmental impacts of ship scrapping in the context of a ship's life cycle, Ocean Engineering 2016.

Martinsen, K. 2014. Environmentally sound ship recycling [Online]. DNV GL. http://www.dnv.com/industry/maritime/publicationsanddownloads/ publications/updates/bulk/2009/2009/environmentallysoundshiprecycling.asp

Mckenna, S., Kurt, R., Turan, O. 2012. A methodology for a design for ship recycling. Royal Institution of Naval Architects—International Conference on the Environmentally Friendly Ship. London: RINA.

Mudgal, S., Benito, P. 2010. The feasibility of a list of green and safe ship dismantling facilities and of a list of ships likely to go for dismantling. Bio Intelligence Service for European

Commission DG ENV

OECD Council Working Party on Shipbuilding WP6 2010. Environmental and Climate Change Issues in the Shipbuilding Industry.

Pulli, J., Jonna, L., Kosomaa, H. 2013. Designing an environmental performance indicator for shipbuilding and ship dismantling, Ocean Engineering, 55(2013).

Sánchez, E., Newton, O., Pereira, N. 2019. Can ship recycling be a sustainable activity practiced in Brazil? Journal of Cleaner Production, 224(2019), 981-993.

Simic, A. 2014. Energy Efficiency of Inland Waterway Self-Propelled Cargo Ships, Conference on Influence of EEDI on Ship Design, London, UK, 24-25 September, 2014.

Sivaprasad, K., Nandakumar, C. 2013. Design for ship recycling. Ships and Offshore Structures, 8, 214-223.

Song, Y., Woo, J. 2013. New shipyard layout design for the preliminary phase & case study for the green _eld project, International Journal of Naval Architecture and Ocean Engineering 5(2013), 132-146

Spurrier, A. 2016. Maersk plans to help upgrade Alang shipbreaking standards, Fairplay, 12 February. http://fairplay.ihs.com/commerce/article/4262201/maersk-plans-to-help-upgrade-alang-shipbreaking-standards

Sterling, J. 2011. Cradle to Cradle Passport—towards a new industry standard in ship building. OECD Workshop on Green Growth in Ship Building.

第九章　船舶維護修理

彭勝利、華健、陳政龍。輪機保養與維修。教育部 ISBN 1009503869

實用修理全書。讀者文摘。

Hua, J., C.W. Chen. 2013. Corrosion of high tensile steel onboard bulk carrier loaded with coal of different origins. Ocean Engineering. 69 (2013):24-33.

Hua, J., Yin-sen Chiu, Chin-Yang Tsai. 2018. En-route operated gydroblasting system for counteracting biofouling on ship hull. Ocean Engineering. 152(2018):249-256.

Lloyd's Register. 2011. Ship recycling: Practice and regulation today. Available: http://www.lr.org/Images/ ShipRecycling_040711_tcm155-223320.pdf.

Spataru, C. 2017. Whole Energy System Dynamics: Theory, Modelling and Policy. Routledge. ISBN 978-1138799905

第十章　輪機工作安全

楊仲箎。輪機概論。五南出版社。

楊仲箎。輪機實務與安全。幼獅文化事業。

盧水田、周榮智、徐永浩、謝玲安、王鴻椿、蔣克定、陳籐、劉吉雄、陳來發。船舶管理與安全。幼獅文化事業。

Bloor, M., Thomas, M., Lane, T. 2000. Health risks in the global shipping industry: an overview. Health, Risk & Society 23, 329-340.

Chabane, H. Design of a small shipyard facility layout optimised for production and repair, in: Proceedings of Symposium International: Qualite et Maintenance au Service de lEntreprise.

Ellis, N., Bloor, M., Sampson, H. 2010. Patterns of seafarer injuries. Maritime Policy & Management, 372, 121-128.

Sampson, H., Ellis, N. 2015. Elusive corporate social responsibility CSR in global shipping. Journal of Global Responsibility, 61, 80-98.

Sampson, H., Thomas, M. 2002. The social isolation of seafarers: causes, effects, and remedies. International Maritime Health, 541(4), 58-67.

Vardar, E., Kumar, R., Dao, R., Harjono, M., Besieux, M., Brachet, I., Wrzoncki, E. 2005. End of Life Ships The Human Cost of Ship Breaking: A Greenpeace - FIDH report in cooperation with YPSA.

Wadsworth, E., Allen, P., McNamara, R., Smith, A. 2008. Fatigue and health in a seafaring population. Occupational Medicine, 583, 198-204.

WBCSD. 2010. Controlling Pollution from Ships. Newsletter. World Business Council for Sustainable Development

第十一章　輪機工作與生活

ILO. 2012. Handbook: Guidance on implementing the Maritime Labor Convention, 2006 and Social Security for seafarers. Geneva: International Labour Organisation.

IMO. 2004. Shore Leave and Access to ships Under the ISPS code: MSC/Circ.1112 of 7 June 2004. London: International Maritime Organization.

Iqbal, K., Heidegger, P. 2013. Pakistan Shipbreaking Outlook: The Way Forward for a Green Ship Recycling Industry—Environmental, Health and Safety Conditions. Brussels/Islamabad: Sustainable Development Policy Institute and the NGO Shipbreaking Platform.

ITF. 2005. Substandard shipping should be in the dock, not crew members: London: International Transport Worker's Federation. Available at: http://www.itfseafarers.org/substandard.cfm

Nielsen, D. Roberts, S. 1999. Fatalities among the world's merchant seafarers 1990-1994. Marine Policy, 231, 71-80.

第十二章　前瞻船運與輪機

華健、李箭仲。2015。歐盟 MRV 與船舶大氣排放監測。船舶科技 47 期：29-41。

羅敬學、陳鈞凱、華健、陳裕仁、陳恩。2020。以輕質材料追求永續海運。船舶科技 52 期：119-132。

黃敦業、華健。2020。海運替代然燃料發展趨勢。船舶科技 53 期：62-84。

華健。2021。持續追求綠海運。船舶科技 55 期：78-100。

蕭榮發。2021。淺談 LNG 卸收方式及無碼頭輸送系統。舶科技 55 期：25-41。

邱啓舜。2021。防止空氣汙染之港口國管制準則。船舶科技 55 期：66-77。

劉欣儀、華健。2022。以氨作為海運燃料前景初探。船舶科技 56 期：68-85。

吳怡萱，華健。2008。國際海運減碳趨勢。船舶科技，第 36 期：47-56。

吳大廉，華健。以 CFD 數據調整船舶姿態之節能驗證。船舶科技。第五十期，pp. 67-73。

華健，楊春陵，羅敬學。2017。因應歐盟海運 MRV。船舶科技。第四十九期，pp. 60-72。

華健，吳怡萱。2015。海運能源轉型啓示。工業汙染防治。133(4):95-129。

華健。2015。展望以天然氣作為交通工具燃 。船舶科技。第四十八期：85-100。

蔡清陽，邱英勝，華健。2014。船舶生物汙損防治。船舶科技。第四十四期，pp. 70-88。

華健，吳怡萱。2012。以 LNG 作為船舶燃料的趨勢。船舶科技。第四十期，pp. 93-109。

鄭正忠，華健。2012。截流板用於巡護船艇效果初探。船舶科技。第四十一期，pp.75-81。

華健，吳怡萱。2012。初探船運生命週期評估。工業汙染防治。31(4):73-101。

Aakko-Saksaa, P., Cook, J., Kiviaho, T. 2018, Liquid organic hydrogen carriers for transportation and storing of renewable energy, Journal of Power Sources, 396(31)

ABB. 2022. Fuel cell systems for ships. https://new.abb.com/marine/systems-and-solutions/ electric-solutions/fuel-cell

Aziz, M., Putranto, A., Biddinika, M., Wijayanta, T. 2017. Energy-saving combination of N2 production, NH3 synthesis, and power generation. Int. J. Hydrogen Energy 2017, 42, 27174-27183.

Balcombe, P., Brierley, J., Lewis, C., Skatvedt, L., Speirs, J., Hawkes, A., Staffell, I. 2019. How to decarbonise international shipping: Options for fuels, technologies and policies. Energy Convers. Manag. 2019, 182, 72-88.

Bentin, M., Zastrau, D., Schlaak, M., Reye, D., Elsner, R., Kotzur, S., 2016. A new routing optimization tool - influence of wind and waves in fuel consumption with and without wind assisted ship propulsion systems. Transport. Res. Procedia. 14, 153-162.

BETO. 2021. Determination of the feasibility of biofuels in marine applications. BETO. https:// www.energy.gov/sites/default/files/2021-04/beto-01-peer-review-2021-sdi-kass.pdf

Bicer, Y., Dincer, I. 2018. Environmental impact categories of hydrogen and ammonia driven transoceanic maritime vehicles: A comparative evaluation. Int. J. Hydrogen Energy 2018, 43, 4583-4596

Bicer, Y., Dincer, I., Vezina, G., Raso, F. 2017. Impact Assessment and Environmental Evaluation of Various Ammonia Production Processes. Environ. Manag. 2017, 59, 842-855.

Bordogna, G., Muggiasc, S., Giappino, S., Belloli, M., Keuning, J., Huijsmans, R. 2020. The effects of the aerodynamic interaction on the performance of two Flettner rotors, J. Wind Eng. Ind. Aerod., 196, 2020.

Bordogna, G., Muggiasca, S., Giappino, S., Belloli, M., Keuning, J., Huijsmans, R. 2019. Experiments on a Flettner rotor at critical and supercritical Reynolds numbers. J. Wind Eng. Ind. Aerod. 188, 19-29.

Bouman, E.A., Lindstad, E., Rialland, A.I., Strømman, A.H. 2017. State-of-the-art technologies, measures, and potential for reducing GHG emissions from shipping—A review. Transp. Res. Part D Transp. Environ. 2017, 52, 408-421

Brown, T. 2020. Japan's NYK and partners to develop ammonia fueled and fueling vessels; 2020. https://www.ammoniaenergy.org/articles/japans-nyk-and-partners-to-develop-ammonia-fueled-and-fueling-vessels/

Cardoso, J., Silva, V., Rocha, R., Hall, M., Costa, M., Eusébio, D. 2021. Ammonia as an energy vector: Current and future prospects for low-carbon fuel applications in internal combustion engines. J. Clean. Prod. 2021, 296, 126562.

Cariou, P., Lindstad, E., Jia, H. 2021. The impact of an EU maritime emissions trading system on oil trades. Transportation Research Part D, 2021, 99, 102992

Cesaro, Z., Wilkinson, I., Eisfelder, A. 2021. Power-to-x: A closer look at e-ammonia. Munich: Siemens Energy.

Chen, H., He, J., Zhong, X. 2019. Engine combustion and emission fueled with natural gas: A review. Journal of the Energy Institute. 92(4), 1123-1136.

Cheng, C.W., Hua, J., Hwang, D.S. 2017. NO_x emission calculations for bulk carriers by using engine power probabilities as weighting factors. Journal of the Air & Waste Management Association 67(10), 1146-1157.

Cheng, C.W., Hua, J., Hwang, D.S. 2018. NO_x emission calculations for post Panamax container ships by using weighting factors of engine operation power probability – a slow steaming case. Journal of the Air & Waste Management Association. 68(6), 588-597.

Comotti, M., Frigo, S. 2015. Hydrogen generation system for ammonia–hydrogen fueled internal combustion engines. Int. J. Hydrogen Energy 2015, 40, 10673-10686.

Corbett, J., Winebrake, J. 2018. Life cycle analysis of the use of methanol for marine transportation., prepared for U.S. Department of Transportation, Maritime Administration.

Corbett, J.J., Köhler, H.W. 2003. Updated Emissions from Ocean Shipping. J. Geophys. Res., D: Atmos., 108(D20), 4650-4666.

Dalsøren, S., Eide, M., Endresen, Ø., Mjelde, A., Gravir, G., Isaksen, I. 2009. Update on emissions and environmental impacts from the international fleet: The contribution from major ship types and ports, Atmospheric Chemistry and Physics, 9, 2171-2194.

Deniz, C., Zincir, B. 2016. Environmental and economical assessment of alternative marine fuels, Journal of Cleaner Production 113 (2016), 438-449.

DNV GL. 2017. Study on the use of fuel cells in shipping, for European Maritime Safety Agency (EMSA), publ. online at www.emsa.europa.eu.

DNV. 2021. Maritime forecast to 2050: Energy Transition Outlook 2021.

Dolan, R., Andersona, J., Wallington, T. 2021. Outlook for ammonia as a sustainable transpor-

tation fuel. Sustainable Energy & Fuels, Issue19

ETC. 2021. Making the hydrogen economy possible: accelerating clean hydrogen in an electrified economy. ETC. https://www.energy-transitions.org/wp-content/uploads/2021/04/ETC-Global-Hydrogen-Executive-Summary-Short.pdf

ETIP Bioenergy. 2022. Use of biofuels in shipping. Retrievedfrom ETIP Bioenergy: https://www.etipbioenergy.eu/?option=com_content&view=article&id=294

FCBI Energy. 2015. Methanol as a marine fuel report. https://www.methanol.org/wp-content/uploads/2018/03/FCBI-Methanol-Marine-Fuel-Report-Final-English.pdf

Garzon, F., Figueroa, A., 2017. The study on the flow generated by an array of four flettner rotors: theory and experiment. Appl. Math. 8, 1851-1858.

Giddey, S., Badwal, S.P.S., Munnings, C., Dolan, M. 2017. Ammonia as a renewable energy transportation media. ACS Sustain. Chem. Eng. 2017, 5, 10231-10239.

Gilbert, P., Walsh, C., Traut, M., Kesieme, U., Pazouki, K., Murphy, A. 2018. Assessment of full life-cycle air emissions of alternative shipping fuels. J. Clean. Prod. 2018, 172, 855-866.

Grljusic, M., Medica, V., Radica, G. 2015. Calculation of efficiencies of a ship power plant operating with waste heat recovery through combined heat and power production. Energies, 8, 4273-4299

Halim, R., Kirstein, L., Merk, O., Martinez, L. 2018. Decarbonization Pathways for International Maritime Transport: A Model-Based Policy Impact Assessment. Sustainability 2018, 10, 2243.

Hansson, J., Brynolf, S. Fridell, E., Lehtveer, M. 2020. The Potential Role of Ammonia as Marine Fuel─Based on Energy Systems Modeling and Multi-Criteria Decision Analysis. Sustainability 2020, 12, 3265

Hansson, J., Månsson, S., Brynolf, S., Grahn, M. 2019. Alternative marine fuels: Prospects based on multi-criteria decision analysis involving Swedish stakeholders. Biomass and Bioenergy. 126(2019), 159-173

Hua, J., Wu, Y., Chen, H. 2017. Alternative fuel for sustainable shipping across the Taiwan. Strait. Transportation Research Part D. 52 (2017) 254-276.

Jeerh, G., Zhang, M., Tao, S. 2021. Recent progress in ammonia fuel cells and their potential applications. J. Mater. Chem. A, 2021, 9, 727-752

Kang, D.W., Holbrook, J.H. 2015. Use of NH_3 fuel to achieve deep greenhouse gas reductions from US transportation. Energy Rep. 2015, 1, 164-168.

Klüssmann, J.N., Ekknud, L.R., Ivarsson, A., Schramm, J. 2019. The Potential for Ammonia as a Transportation Fuel—A Literature Review; The Technical University of Denmark (DTU): Lyngby, Denmark, 2019.

Kojima, Y.; Yamaguchi, M. 2020. Ammonia storage materials for nitrogen recycling hydrogen and energy carriers. Int. J. Hydrogen Energy 2020, 45, 10233-10246

Lamb, K., Dolan, M., Kennedy, D. Ammonia for hydrogen storage; A review of catalytic ammonia decomposition and hydrogen separation and purification. Int. J. Hydrogen Energy 2019, 44, 3580-3593.

Liu, X., Elgowainya, A., Wanga, M. 2020. Life cycle energy use and greenhouse gas emissions of ammonia production from renewable resources and industrial by-products. Green Chem. 2020, 22, 5751-5761

Logistics Manager. 2019. Maersk to pilot a battery system to improve power production. https://www.logistics-manager.com/maersk-to-pilot-a-battery-system-to-improve-power-production/

Lövdahl, J., Magnusson, M. 2019. Evaluation of Ammonia as a Potential Marine Fuel; Department of Mechanics and Maritime Technology, Chalmers University of Technology: Gothenburg, Sweden, 2019.

Ma, Y., Bi, H., Hu, M., Zheng, Y., Gan, L. 2019. Hard sail optimization and energy efficiency enhancement for sail-assisted vessel. Ocean Engineering, 173(2019), 687-699

Norsepower, 2019. Viking Grace Rotor Sail Performance Analysis Results. Norsepower, Helsinki, Finland. https://7c859085-dddb-4d30-8667-a689091113a8.filesusr.co m/ugd/cea95e_a721091625ee452db73c9fb69804268e.pdf

Nyanya, M., Vu, H., Schönborn, A., Ölçer, A. 2021. Wind and solar assisted ship propulsion optimisation and its application to a bulk carrier. Sustainable Energy Technologies and Assessments, 47(2021), 101397

Olmer, N., Roy, B., Mao, X., Rutherford, D. 2017. Greenhouse Gas Emissions from Global Shipping, 2013-2015, International Council on Clean Transportation: Washington, DC, USA, 2017.

Ozturk, M.; Dincer, I. 2021. An integrated system for ammonia production from renewable hydrogen: A case study. Int. J. Hydrogen Energy 2021, 46, 5918-5925.

Searcy, T., 2017. Harnessing the wind: a case study of applying Flettner rotor technology to achieve fuel and cost savings for Fiji's domestic shipping industry. Mar. Pol. 86, 164-172.

Tillig, F., Ringsberg, J. 2020. Design, operation and analysis of wind-assisted cargo ships. Ocean Engineering, 211(2020),107603.

Van Biert, L., Godjevac, M., Visser, K., Aravind, P. 2016. A review of fuel cell systems for maritime applications. J. Power Sources 2016, 327, 345-364.

Wang, Y., Wright, L. 2021. A comparative review of alternative fuels for the maritime sector: Economic, technology, and policy challenges for clean energy implementation. World, 2 (4), 456-481.

Wärtsilä. 2020. Industry celebrates five-year anniversary of world's first methanol-powered commercial vessel. https://www.wartsila.com/media/news/14-04-2020-industry-celebrates-five-year-anniversary-of-world-s-first-methanol-powered-commercial-vessel-2684363

Xing, H., Sturart, C., Spence, S., Chen, H. 2021. Fuel cell power systems for maritime applications: Progress and perspectives. Sustainability, 13, 1213